# 手术内窥镜设备使用及维护保养指南

主 编 孙育红 钱蒨健

科 学 出 版 社

北 京

## 内 容 简 介

手术内窥镜设备是小型精密仪器设备，一般由多个不同功能的设备组成，每一个设备既是独立的个体，能单独运行，实现某一特定功能，又相互结合，紧密联系，完成诊疗操作。其价值高，操作保养复杂。本书全面介绍手术内窥镜设备的设备类别、工作原理、操作流程、使用误区、清洁消毒与维护保养及故障排查解决方案等，从多角度对内窥镜设备进行详细解读，重点阐述术前、术中、术后的使用技巧与注意事项。本书涵盖手术内窥镜设备使用保养的各个环节，图文并茂，可操作性强。

本书可供各级医院手术室及相关医护人员参考使用。

**图书在版编目(CIP)数据**

手术内窥镜设备使用及维护保养指南 / 孙育红，钱蒨健主编. —北京：科学出版社，2020.7

ISBN 978-7-03-065480-9

Ⅰ.①手… Ⅱ.①孙… ②钱… Ⅲ.①内窥镜－使用方法－指南 ②内窥镜－维修－指南 Ⅳ.①TH773-62

中国版本图书馆CIP数据核字（2020）第099348号

责任编辑：郝文娜 张利峰 / 责任校对：张 娟

责任印制：李 彤 / 封面设计：龙 岩



科 学 出 版 社 出版

北京东黄城根北街 16 号

邮政编码：100717

http://www.sciencep.com

北京捷迅佳彩印刷有限公司 印刷

科学出版社发行 各地新华书店经销

*

2020 年 7 月第 一 版 开本：720×1000 1/16

2022 年 3 月第三次印刷 印张：9 1/2

字数：181 000

**定价：79.00 元**

（如有印装质量问题，我社负责调换）

# 编委会名单


**主　编**　孙育红（中日友好医院）

钱蒨健（上海交通大学医学院附属瑞金医院）

**副主编**　周　力（北京协和医院）

**校　对**　赵　颖（中日友好医院）

王　娟（中日友好医院）

**编　者**（以姓氏笔画为序）

马　艳（中国医学科学院阜外医院）

王　菲（首都医科大学附属北京友谊医院）

王　维（上海交通大学医学院附属瑞金医院）

王　薇（首都医科大学附属北京同仁医院）

王雪晖（上海聚力康投资股份有限公司）

孙育红（中日友好医院）

陈　沅（上海交通大学医学院附属瑞金医院）

周　力（北京协和医院）

赵体玉（华中科技大学同济医学院附属同济医院）

钱文静（上海交通大学医学院附属瑞金医院）

钱维明（浙江大学医学院附属第二医院）

钱蒨健（上海交通大学医学院附属瑞金医院）

龚仁蓉（四川大学华西医院）

PREFACE

# 序

1804年德国法兰克福菲利普·波兹尼（Philip Bozzini）首先大胆提出内窥镜的设想，开启了内窥镜发展的篇章。经过2个世纪的发展，在外科领域，微创技术已成为当下主流的手术方式，而微创外科中所用到的手术内窥镜设备也逐渐成为各医院必备的医疗设备。如果说腔镜器械是医师的手，那么腔镜手术摄像系统就是医师的眼睛，对手术成败甚至是患者的生命都有直接影响。面对如此广泛和重要的应用，广大临床工作者迫切需要一本科学、全面、新颖、实用的专业书籍来指导实践和规范手术内窥镜设备的使用和维护保养，以减少操作过程中的安全隐患，最大限度地确保使用过程中患者及医护人员的安全，同时尽可能地延长手术内窥镜设备的使用年限。由中国医学装备协会护理装备与材料分会手术装备与材料专业委员会精心主编的《手术内窥镜设备使用及维护保养指南》一书内容全面深入，全面覆盖手术内窥镜设备及辅助设备，涉及摄像系统、医用冷光源、气腹系统、冲洗灌注系统、动力系统、能量平台系统、手术导航系统7类核心设备，并涉及摄像系统的延伸一体化手术室内容。每种设备都从描述、分类、结构组成、工作原理、日常使用流程及常见故障处理建议等方面进行剖析，内容翔实，贴近临床且实用性强，可起到规范和指导临床实践的作用。涉及的设备选取当今微创外科的新设备、新技术，如3D摄像系统、同步触控型冲洗灌注系统、手术导航系统等，具有先进性和前瞻性，可满足未来几年的临床使用。编者借鉴国内外相关资料，凝结临床多年实际使用心得，通过大量图例，生动阐述了手术内窥镜设备使用及维护保养中的注意事项，易于读者临床掌握。

《手术内窥镜设备使用及维护保养指南》凝结了中国医学装备协会护理装备与材料分会手术装备与材料专业委员会专家们的心血、智慧及对这份事业的热爱。虽受实践经验不足、时间仓促等因素的影响，书中难免存在不足之处，但我们相信，在业界同仁的关爱与支持下，随着不断地应用与实践，本书必定会日臻完善，可更好地为临床工作者答疑解惑，也可更好地为临床工作保驾护航。

感谢所有手术室护理同仁的帮助及配合，感谢中国医学装备协会护理装备与材料分会手术装备与材料专业委员会的呕心沥血！同行的路上有你们，我们相信明天会越来越好！

中国医学装备协会护理装备与材料分会
手术装备与材料专业委员会
2019 年 12 月

PREFACE

# 前　言

在外科领域，随着科技的进步和手术方式的不断革新，微创技术已成为当下最主流的手术方式，在总手术量中占比已达70%以上，可见21世纪的外科就是微创外科。而微创外科中最核心的设备就是手术内窥镜设备，它在微创手术中不可或缺，成为各大医院必备的医疗设备。

手术内窥镜设备可以经人工通道或人体的自然通道进入患者体内，帮助医师查看和治疗狭小间隙内的病变组织，可以说内窥镜设备是外科医师的第二双眼睛，对手术成败，甚至是患者的生命都有直接影响。因此，每一台手术都必须确保所使用的内窥镜设备视野清晰、性能稳定。

外科医师与手术室护理人员作为内窥镜设备的直接使用者与日常管理者，应熟悉内窥镜设备的各项功能与使用流程，精通设备的日常维护与保养细则，才能有效降低故障率，提高设备使用寿命，使设备效益最大化。这样做不仅仅是为医院和科室节省维修开支，更重要的是对患者的生命负责。因此，选用高质量的内窥镜产品，学习和掌握专业的内窥镜设备使用及维护保养知识，确保设备始终处于高安全性、高稳定性的最佳工作状态。保证手术的成功是所有医护人员不可推卸的责任。

手术内窥镜设备不同于其他大型的医疗设备，它属于小型精密仪器，是一款高精尖的医疗科技产品，处于医疗设备金字塔的顶端，其价值不言而喻。内窥镜设备一般由多个不同功能的设备组成，每一个设备既是独立的个体，能单独运行，实现某一特定功能，又相互结合，紧密联系，缺一不可。为了帮助医护人员更好地了解内窥镜设备，熟知内窥镜设备使用和保养的各个环节，本书从设备类别到工作原理、从操作流程到使用误区、从清洁消毒到维护保养、从故障排查到解决方案等多角度对内窥镜设备进行详细解读，并按术前、术中、术后阐述使用技巧与注意事项。希望读者都能掌握这些知识，并成为内窥镜设备使用维护领域的专家！

中日友好医院
孙育红

CONTENTS

# 目　录

# 第1章　概　　述

## 第一节　手术内窥镜设备发展历程

1804 年德国法兰克福菲利普·波兹尼（Philip Bozzini）首先大胆提出内窥镜的设想，并于 1806 年制造了一种以蜡烛为光源的器具。该器具由一花瓶状光源、蜡烛和一系列镜片组成，用于观察动物的膀胱及直肠内部结构，被称为明光器（lichtleiter 或 light conductor），因此，菲利普·波兹尼被誉为“第一个内窥镜发明人”。

世界上第一个手术内窥镜是 1853 年法国医师德索米奥（Antonine Jean Desormeaux）创制的，最早被应用于直肠检查，医师在患者的肛门内插入一根硬管，借助蜡烛的光亮，观察直肠的病变。这种方法所能获得的诊断资料有限，患者不但很痛苦，而且由于器械很硬，造成肠穿孔的危险性很大。尽管存在这些缺点，但内窥镜检查一直在继续应用与发展，并逐渐设计出很多不同用途及不同类型的内窥镜器械（图 1-1）。

1855 年，西班牙卡赫萨发明了喉镜。

1861 年，德国人海曼·冯·海莫兹发明了检眼镜。

1862 年，德国人斯莫尔创造了食管镜。

1876 年，德国泌尿科医师马克斯·尼兹发明了膀胱镜，用它可以检查膀胱内的病变。

1878 年，爱迪生发明了灯泡，特别是出现微型灯泡后，使内窥镜有了很大发展，手术精确性大幅度提高。

1897 年，德国人哥·基利安设计了支气管镜。

1903 年，美国人凯利创制了直肠镜，直到 1930 年以后才开始普遍使用。

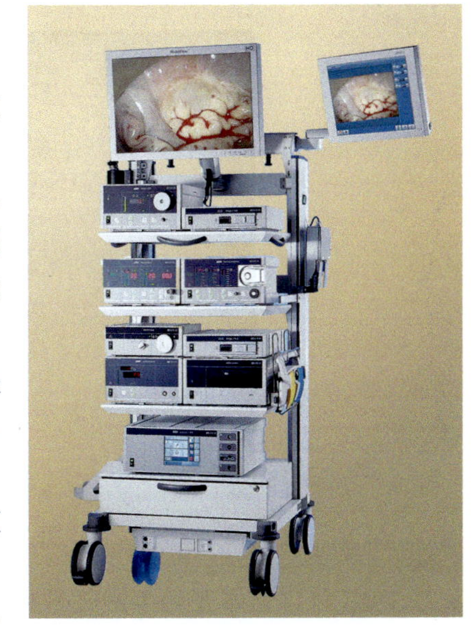

**图 1-1　现代手术内窥镜系统**

1913 年，瑞典人雅各布斯改革了胸腔镜检查法。

1922 年，美国人欣德勒创立了胃镜检查法。

1928 年，德国人卡尔克创立了腹腔镜检查法。

1936 年，美国人斯卡夫进行了脑室镜检查试验，但直到 1962 年，才由德国人古奥和弗累斯梯尔创立了脑室镜检查法，从此形成了一整套镜检法系列。

1956 年，世界上第一台体外电子曝光系统（图 1-2），使内窥镜相片质量达到前所未有的清晰度。

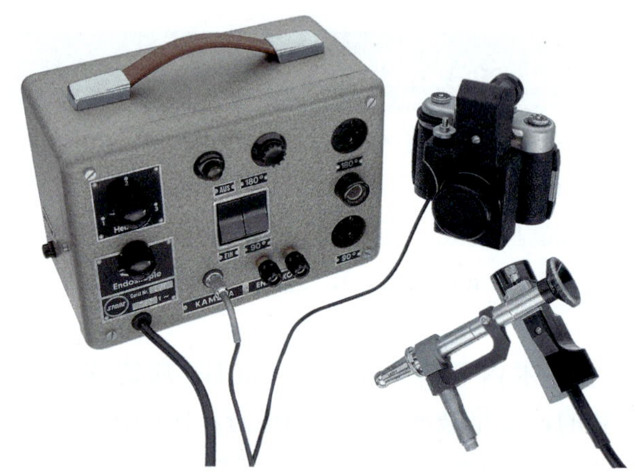


图 1-2　世界上第一台体外电子曝光系统

1960 年，医用冷光源（图 1-3）诞生，引领内窥镜技术到达全新高度。

图 1-3　医用冷光源

1963 年，日本开始生产纤维内窥镜。

1965 年，HOPKINS® 柱状透镜系统（图 1-4）问世，带来全新的手术视野，成为医用内窥镜发展历史上重要的里程碑。同年，纤维结肠镜的制成扩大了对下消化道疾病的检查范围。

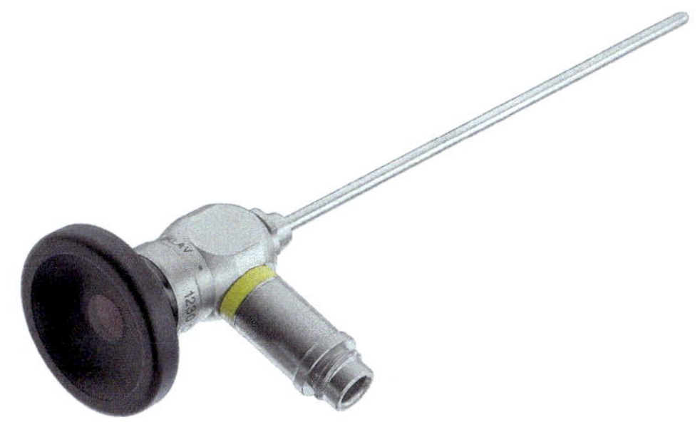

图 1-4 HORKINS® 柱状透镜系统

1973 年，激光技术应用于内窥镜的治疗上，并逐渐成为经内窥镜治疗消化道出血的手段之一。

1981 年，内窥镜超声波技术研制成功，这种将先进的超声波技术与内窥镜结合在一起的新技术，极大地增加了对疾病诊断的准确性。

1987 年，法国里昂的妇科医师菲利普斯·穆雷运用电视腹腔镜在完成附件手术的同时切除了患者的胆囊（图 1-5）。这标志着现代微创外科时代真正的开始，被誉为外科手术发展史上的里程碑，也称为现代微创外科的起源。

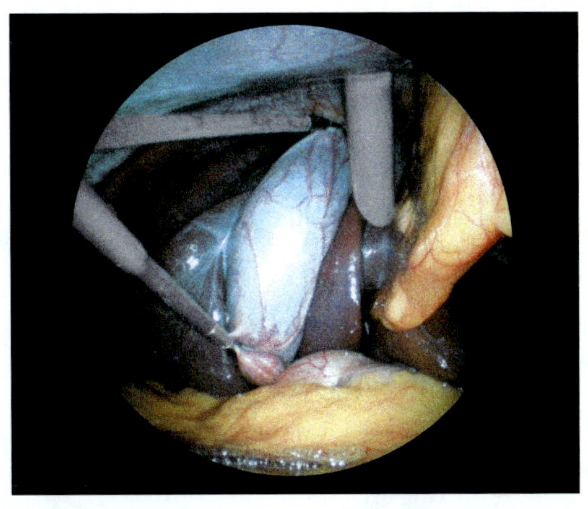

图 1-5 运用电视腹腔镜，在完成附件手术的同时切除了胆囊

同年（1987 年），进一步研发了功能鼻窦内窥镜，这为后来的功能性鼻窦内窥镜（functional endoscopic sinus surgery，FESS）技术长足发展奠定了基础（图 1-6）。

图 1-6　功能性鼻窦内窥镜

1991 年，世界上第一台三晶片模拟信号摄像机（图 1-7），使内窥镜所示的图像质量得到空前提高。

图 1-7　三晶片模拟信号摄像机

同年（1991 年），云南曲靖地区第二人民医院荀祖武院长独立施行了腹腔镜胆囊切除术。同年，全国各地相继开展腹腔镜胆囊切除术，并向其他领域扩展。至此，我国内窥镜外科手术开始蓬勃发展，并与国际的发展水平保持同步。

1995 年，光动力学诊断和自体荧光诊断中荧光显像和标记技术开始应用，从根本上提高了膀胱和支气管肿瘤早期诊断的可靠性。

1998 年，将 10mm 与 5mm 可拆卸手持器械进一步延伸，用于腹腔镜手术的三拆分 CLICK LINE 系列手术器械（图 1-8）问世。

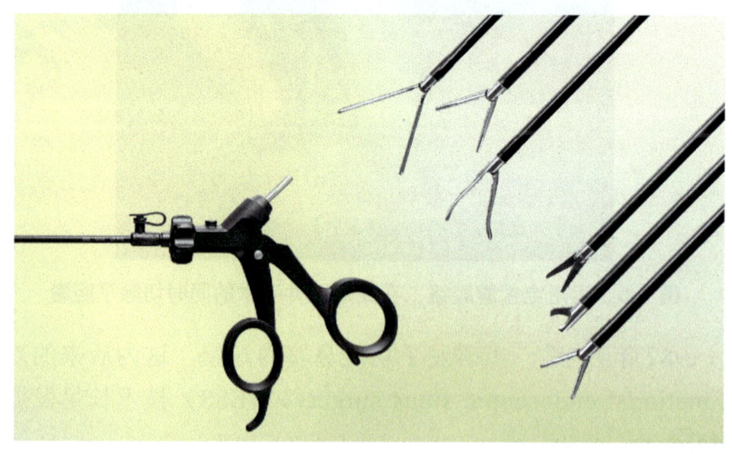

图 1-8　CLICK LINE 系列手术器械

2002 年，全数字化摄像系统 IMAGE1 HUB（图 1-9）问世，作为全球第一台全数字化内窥镜影像系统，其为临床医师提供了稳定、高保真的腔镜画面。

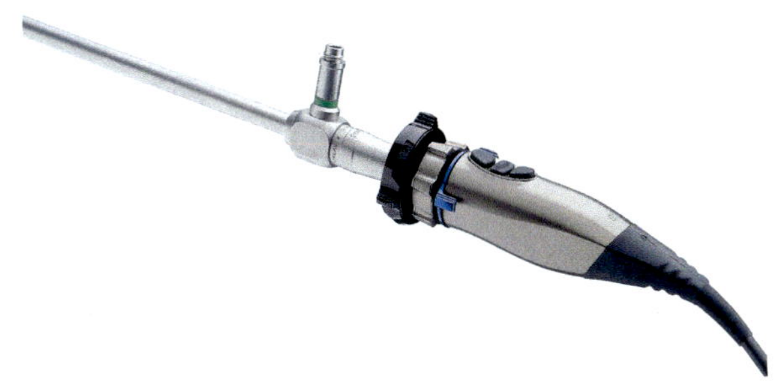

图 1-9　全数字化摄像系统

2006 年，第一代达芬奇机器人 DaVinci S 上市，这在微创外科发展史上具有划时代意义，开创了新的手术模式。

2007 年，全球首款全高清摄像系统 IMAGE1 HUB HD（图 1-10）问世。

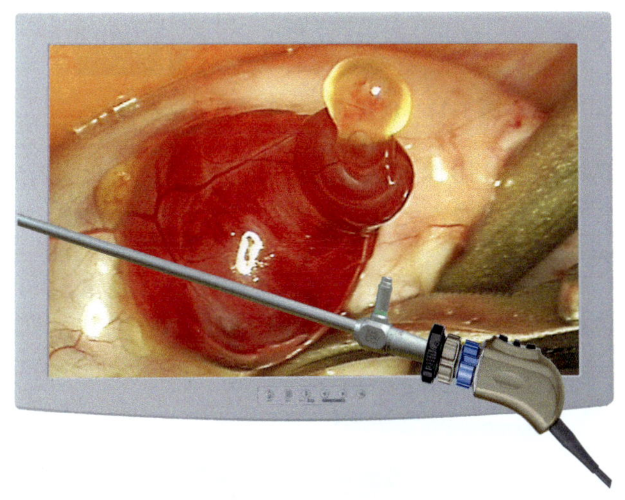

图 1-10　全高清摄像系统

2012 年，全球第一款 3D 影像系统上市，其提供三维立体的影像，给术者以精细、清晰、层次分明的立体视野，助力医师快速掌握更高难度的手术方法，造福更多患者。

同年（2012 年），创新的开放手术可视化系统 HAVe1（图 1-11）面世，为开放手术提供全高清的画面采集、显示、记录为一体的可视化系统。其配备的 VITOM 外视镜与术区保持理想距离，不仅可保证术野的最佳照明，更能提供最高质量的显示图像，同时提供高清术野。与手术显微镜相比，其观察距离更大。同时，极大的增强了其与内窥镜系列产品的协同性。

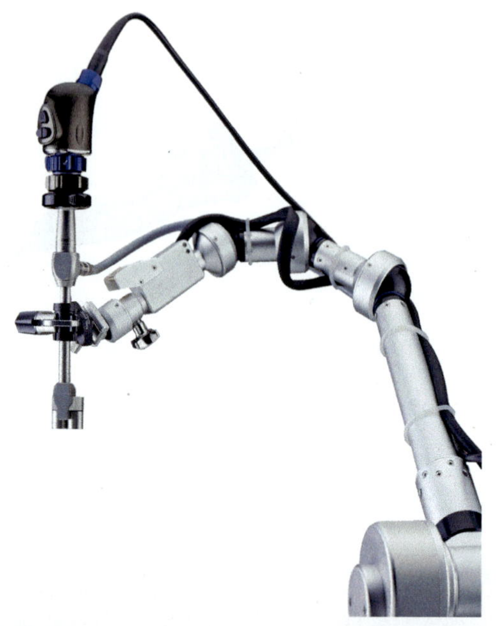

图 1-11　创新的开放手术可视化系统

2013 年，IMAGE1 S 影像平台（图 1-12）发布，最新高清成像技术为诊断与手术提供革命性视图成像，尤其是模块化设计，兼容性强，可为各科外科手术提供完整解决方案。

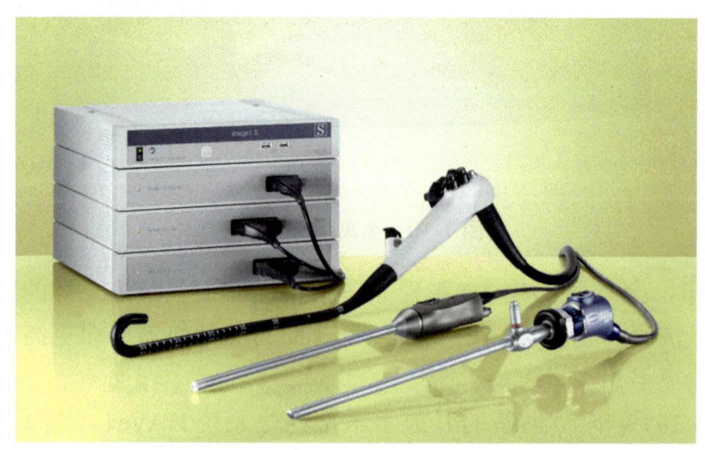

图 1-12　IMAGE1 S 影像平台

2014 年，IMAGE1 S 3D 模块发布，其集成于 IMAGE1 S 影像平台之上，可灵活升级，带给临床医师全新的全高清 3D 视野。

临床医师微创手术技能的提高离不开手术内窥镜设备的长足发展与进步，德国图特林根作为内窥镜设备制造的摇篮，孕育出多家享誉全球的内窥镜设备设计及制造企业。这些企业一直致力于手术内窥镜设备的设计与制造，引领手术内窥镜设备的发展趋势。

## 第二节 手术内窥镜设备应用现状

内窥镜微创医疗是微创医疗技术中出现时间最早、发展最为成熟的技术之一。内窥镜微创手术具有创伤小、手术时间短、术后康复快等特点，备受医患双方的青睐。目前，以内窥镜系统为核心的微创技术已推广到耳鼻喉科、普外科、妇产科、胸外科、泌尿外科、儿科等多个科室，从简单的腹腔镜下息肉摘除到复杂的心脏搭桥均有涉及，几乎所有传统的普通外科手术都可以通过内窥镜微创手术完成。内窥镜微创技术已成为消化、呼吸、泌尿、耳鼻喉等系统疾病诊断和治疗不可缺少的技术。随着现代外科手术向智能化和微创化发展，预计使用微创技术的临床应用的比例将达到75%。未来，越来越多的新技术将应用在内窥镜手术中，如4K超高清（ultra high definition）技术、吲哚菁绿荧光成像诊断技术（ICG fluorescence imaging）等，给医师提供了更加安全、高效的治疗方式，造福患者。

# 第 2 章 内窥镜手术设备使用与维护

## 第一节 摄像系统

摄像系统主要是指光学影像采集、传输、处理及最终显示的一整套设备的合称，一般包含摄像头、摄像主机和显示器 3 个设备。摄像头完成光学影像的采集及光电信号的转换，摄像主机则负责信号处理与还原并最终在显示器上实现影像重现，所以摄像系统是整个内窥镜设备最核心的部分。

### 一、摄像头

#### （一）摄像头描述

摄像头是一种视频输入设备，它通过图像传感器（CCD 或 CMOS）将采集的光学图像转换为电信号，然后经过 A/D 转换（模数转换）变为数字图像信号，最后通过视频连线将信号传输到摄像主机进行还原处理。摄像头是整个摄像系统的核心部分，其品质是决定最终手术画面效果的重要因素之一。

#### （二）摄像头分类

1. 根据感光元件的类型，可分为 CCD 摄像头和 CMOS 摄像头。

（1）电荷耦合元件（charge-coupled device，CCD）：通常称为 CCD 图像传感器。CCD 是一种半导体器件，能够把光学影像转化为数字信号，CCD 图像传感器上植入的微小光敏物质称作像素（pixel），一块 CCD 图像传感器上包含的像素数越多，其提供的画面分辨率也就越高。

（2）互补性金属氧化物半导体（complementary metal oxide semiconductor，CMOS）：主要材料是硅和锗，可用来记录光线变化。通过 CMOS 上带负电和带正电的晶体管来实现基本功能，这两种晶体管会产生互补效应，所产生的电流即可被处理芯片记录并解读成影像。

（3）CCD 图像传感器与 CMOS 图像传感器的对比：见表 2-1。

表 2-1　CCD 图像传感器与 CMOS 图像传感器的对比

| | CCD 图像传感器 | CMOS 图像传感器 |
|---|---|---|
| 感光度 | 高 | 低 |
| 噪声控制 | 高 | 低 |
| 集成性 | 低 | 高 |
| 用电与功耗 | 高 | 低 |
| 信息处理速度 | 慢 | 快 |

如表 2-1 所述，CCD 图像传感器在感光度、噪声控制方面都优于 CMOS 图像传感器，而 CMOS 图像传感器则具有低功耗、高集成性及信息处理速度快的特点。

随着 CCD 与 CMOS 图像传感器技术的进步，两者的差异有逐渐缩小的态势，例如，CCD 图像传感器一直在功耗上进行改进，以应用于移动通信市场，CMOS 图像传感器则在改善分辨率与灵敏度方面的不足，以应用于更高端的图像产品。

2. 根据感光元件的数量，可分为单晶片摄像头和三晶片摄像头（图 2-1）。

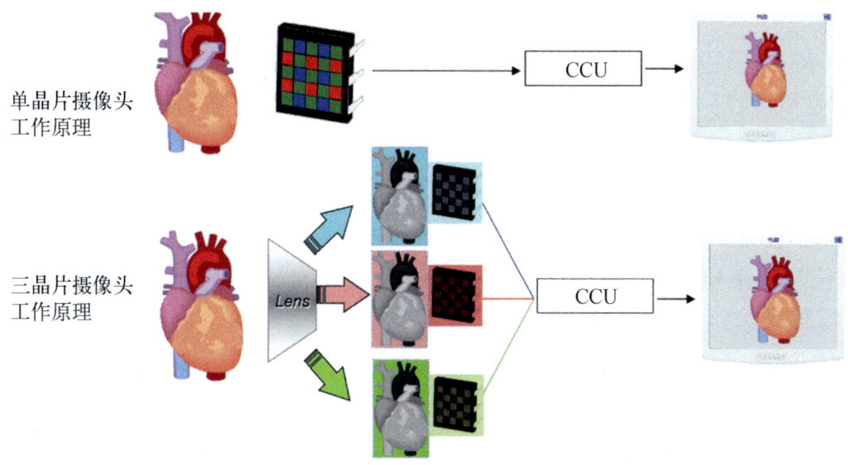


图 2-1　单晶片和三晶片摄像头工作原理

（1）单晶片摄像头是由一个图像传感器采集所有的光信号。

（2）三晶片摄像头则是先由一个特殊棱镜将白光折射出红、绿、蓝三色光，然后红、绿、蓝三基色的光再由 3 个图像传感器分别采集，所以在图像清晰度及色彩还原度上，三晶片摄像头都要优于单晶片摄像头。

3. 根据成像效果，可分为 2D 摄像头和 3D 摄像头。

（1）2D 摄像头采集的信号只能生成 2D 图像。

（2）3D 摄像头采集的信号不仅能生成 3D 图像，还可以切换成 2D 图像。

4. 根据成像清晰度，可分为标清摄像头和高清摄像头。

5. 摄像头分类如表 2-2。

表 2-2　摄像头分类

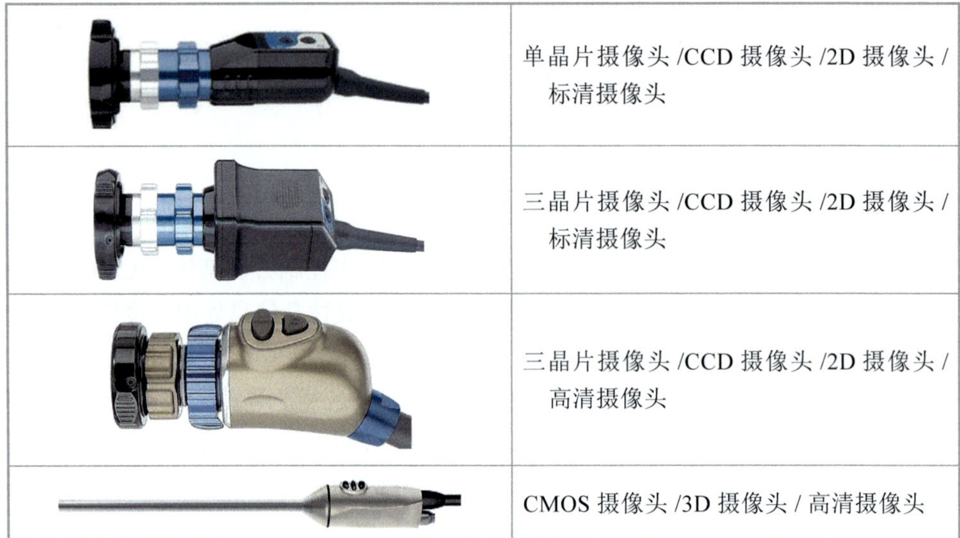

| | |
|---|---|
| | 单晶片摄像头 /CCD 摄像头 /2D 摄像头 / 标清摄像头 |
| | 三晶片摄像头 /CCD 摄像头 /2D 摄像头 / 标清摄像头 |
| | 三晶片摄像头 /CCD 摄像头 /2D 摄像头 / 高清摄像头 |
| | CMOS 摄像头 /3D 摄像头 / 高清摄像头 |

从表 2-2 可以看出，对于内窥镜系统的摄像头来说，很难将一个摄像头单独分类，因为每一个摄像头都是多种类型的集合体。但随着科技的不断发展及临床医师对手术画面清晰度要求的不断提高，标清摄像头在内窥镜领域已逐渐退出历史的舞台，而现阶段主流的都是高清摄像头，并且最新的超高清 4K 摄像头也已出现。

### （三）高清摄像头结构组成

1. 高清 2D 摄像头　如图 2-2。

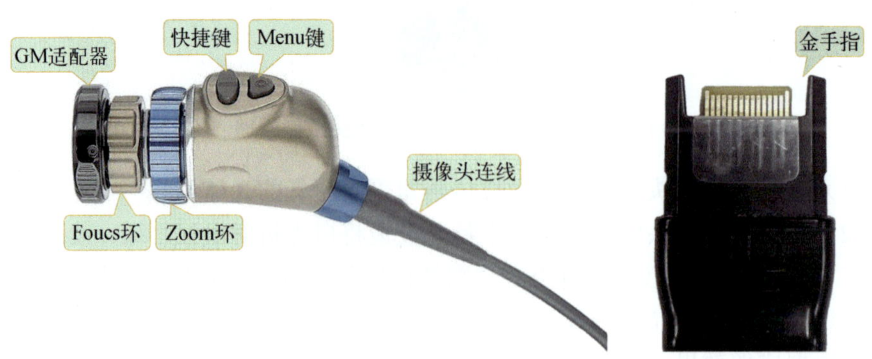


图 2-2　高清 2D 摄像头

（1）GM 适配器：用来连接内窥镜。

（2）Foucs 环：对焦功能，可调节图像清晰度。

（3）Zoom 环：光学变焦功能，可实现 2 倍图像缩放。

（4）快捷键：可实现功能选择和快捷调取。

（5）Menu 键：主菜单调取和选定功能确定。

（6）摄像头连线：视频信号传输。

（7）金手指：摄像头连线插头，因插头上有很多金黄色的导电触片，排列如手指状，故称为“金手指”。

2. 高清 3D 摄像头　如图 2-3。

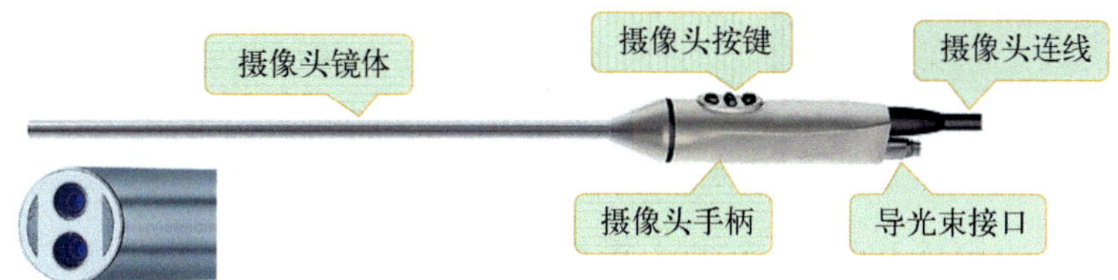


图 2-3　高清 3D 摄像头

（1）摄像头镜体：感光元器件在镜体最前端。

（2）摄像头按键：可实现功能选择和快捷调取。

（3）摄像头连线：视频信号传输。

（4）导光束接口：连接导光束。

高清 3D 摄像头的特点如下：①一体式电子镜，双感光元件前置；②自动对焦；③镜面防雾。

### （四）2D 摄像头日常使用流程与注意事项

1. 术前

（1）外观检查：①外观是否有严重磕碰痕迹或变形；②摄像头镜面确保洁净无划痕；③摄像头按键是否有突出或缺失；④摄像头连线是否有明显压折痕迹或外皮破损且内部信号线裸露；⑤金手指是否有严重磨损，是否干净、干燥；⑥上述检查都无问题，方可继续使用。

（2）连接主机：①不要带电插拔摄像头，务必在主机处于关机的状态再连接或拔除摄像头；②摄像头接头必须用力推到底，确保与主机完全连接（图 2-4）。

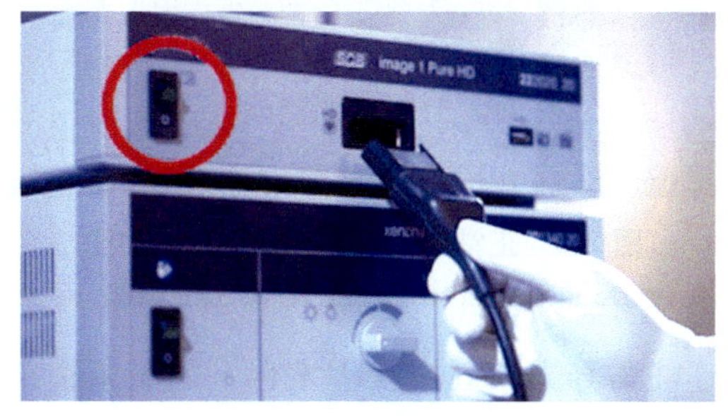

图 2-4　连接主机

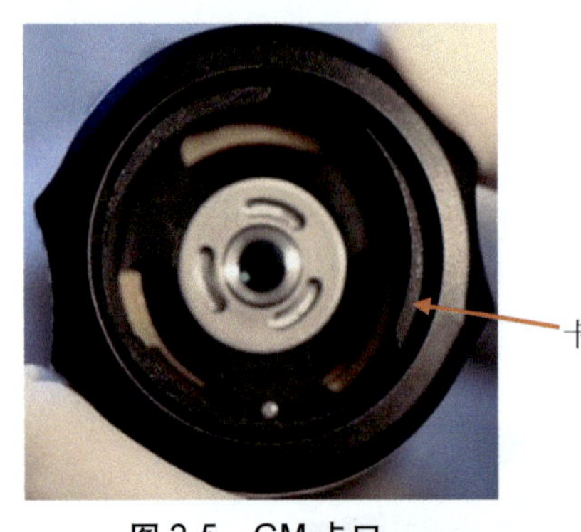

图 2-5　GM 卡口

（3）各项功能检查：① GM 卡口内的卡片是否有缺损，一般有3个卡片（图2-5）；② Foucs 环能否正常调节，对焦后图像是否清晰；③ Zoom 环能否正常调节，视野能否放大和缩小；④各按键功能是否正常，快捷键设置成常用功能；⑤轻晃连线，是否会出现条纹干扰、偏色、黑屏等不正常现象；⑥上述检查都无问题，方可继续使用。

### 2. 术中

（1）连接内窥镜和导光束，并为摄像头套上无菌套：①逆时针旋转 GM 卡环，确保卡片完全缩至卡环内；②将内窥镜目镜端置于卡口内，并顺时针旋转 GM 卡环，确保内窥镜连接紧固（图 2-6）；③将摄像头套上无菌套（图 2-7）；④导光束不建议使用无菌套，更不能和摄像头共用同一个无菌套。

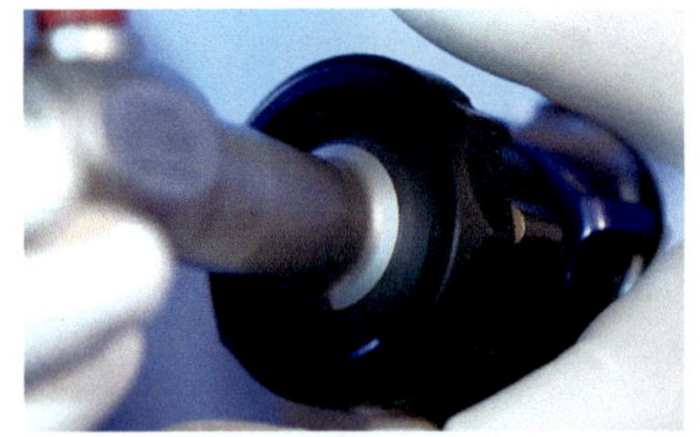
图 2-6　内窥镜目镜端置于卡口

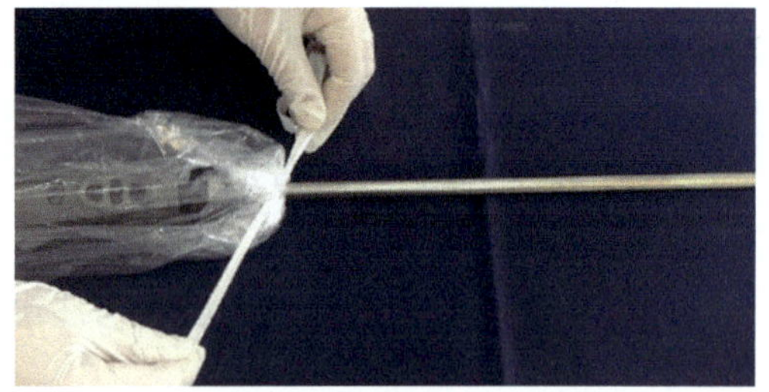
图 2-7　摄像头套上无菌套

（2）进行白平衡校准：内窥镜物镜端对准白色参照物（如无菌纱布），距离 2cm 左右，确保白色区域覆盖整个监视器，调整焦距使视野清晰，然后按下主机面板上白平衡按钮或通过摄像头功能键进行白平衡校正（图 2-8）。

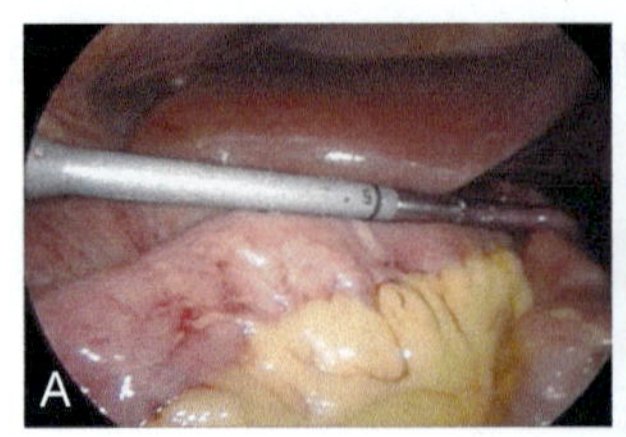

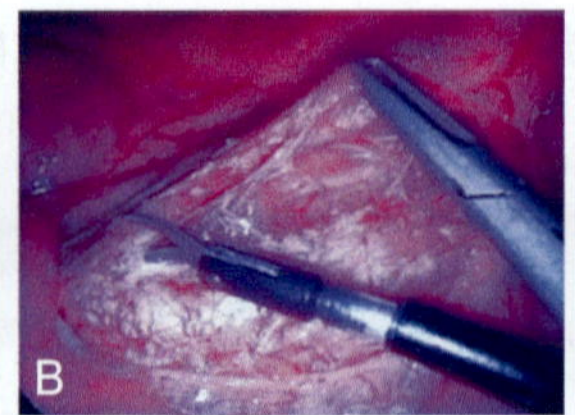

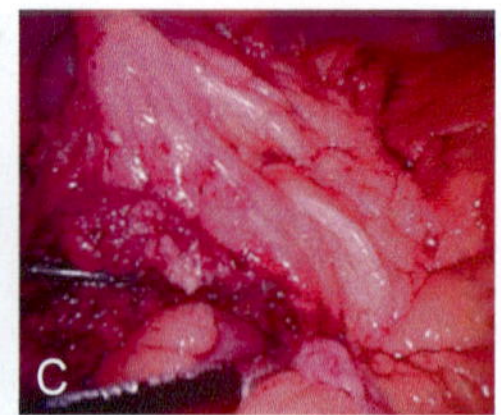

图 2-8　正常颜色与非正常颜色的对比

A. 正常颜色；B. 颜色偏紫；C. 颜色偏红

（3）将摄像头连线与导光束固定在手术台上的无菌铺巾上：在手术台上预留的连线和导光束要足够长，避免连线出现拉拽和折叠的情况（图 2-9）。

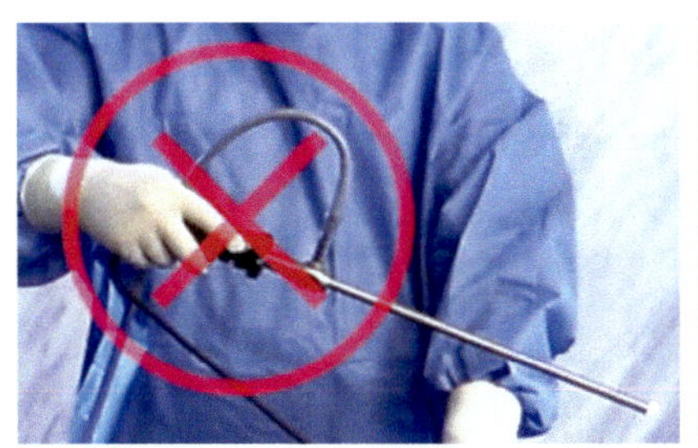
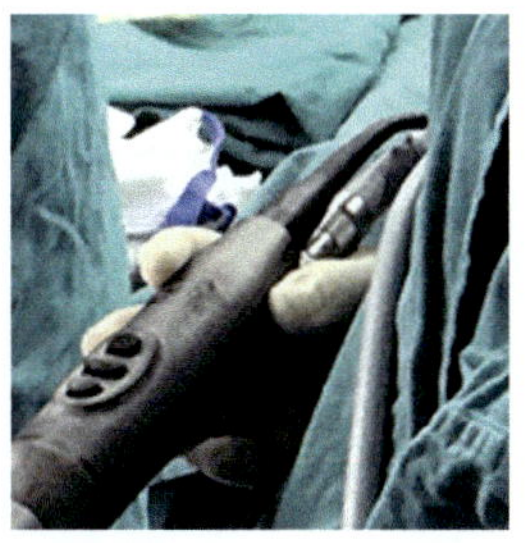

图 2-9　摄像头连线被拉拽和折叠

（4）通过快捷键启用相应的功能，并正常开始手术。

### 3. 术后

（1）先关闭主机电源，然后从主机上拔除摄像头。

（2）将内窥镜从摄像头上取出，然后取走无菌套。

（3）盖好镜头保护盖，并将摄像头连线盘成直径不小于 15cm 的线圈存放。

（4）拿取摄像头时不能提拉摄像头根部连线。

（5）摄像头不能随意悬挂和摆放（图 2-10）。

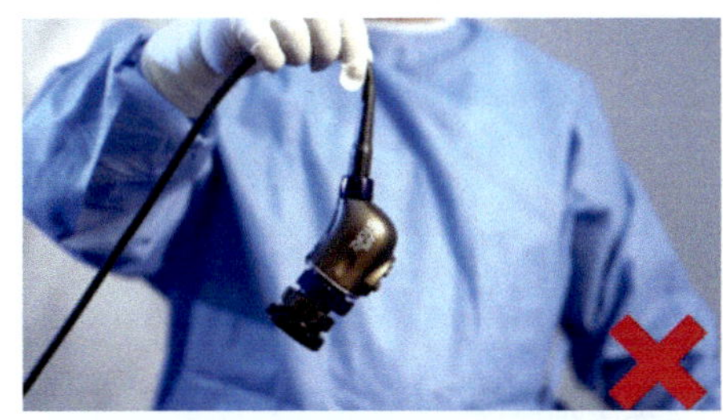

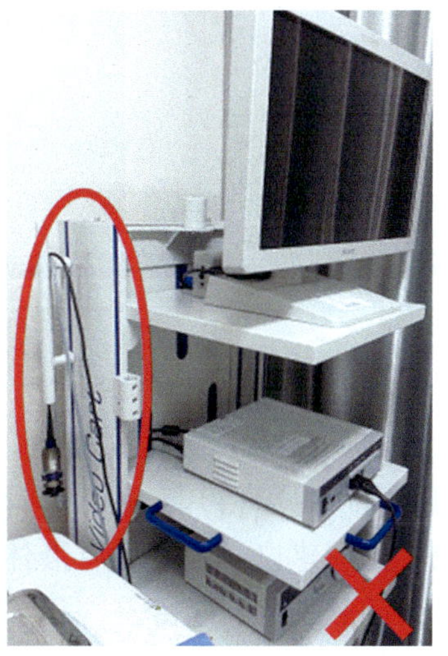

图 2-10　摄像头拿取方式

## （五）摄像头常见故障

### 1. 摄像头连线故障

（1）常见故障：晃动连线会出现图像画面偏色、黑屏、干扰条纹等现象（图 2-11）。

（2）处理建议：①不能拉拽摄像头连线；②摄像头连线在台上要留有足够的长度，确保摄像头移动时不会过度弯折连线；③从无菌套中取出摄像头时，应用手握着摄像头慢慢退出，避免拉拽连线往外拽出。

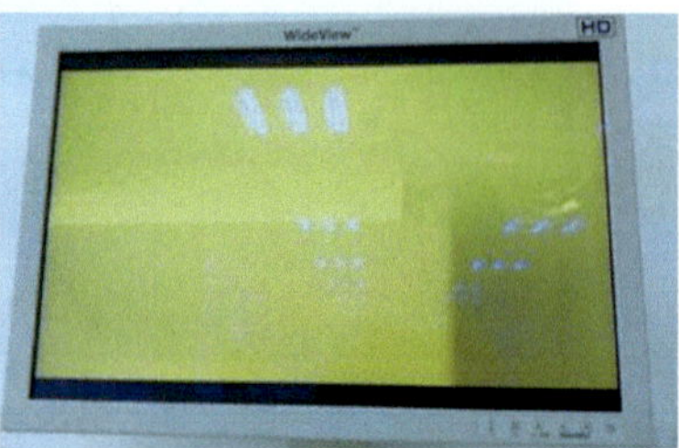


图 2-11　摄像头连线故障

## 2. 金手指故障

（1）常见故障：金手指氧化、烧毁、磨损（图 2-12）。

（2）处理建议：①摄像头氧化变黑后，可以用橡皮擦进行擦拭处理；②确保金手指在使用前都干净、干燥，避免通电后短路烧毁；③频繁插拔摄像头会造成金手指磨损。

图 2-12　金手指故障

## 3. 摄像头上冲洗液结晶残留

（1）常见故障：摄像头表面、调焦环、卡口缝隙内如有冲洗液结晶残留，会影响使用（图 2-13）。

（2）处理建议：术后如有液体残留，在流动水下冲洗并擦拭干净，避免冲洗液干燥后形成结晶残留。

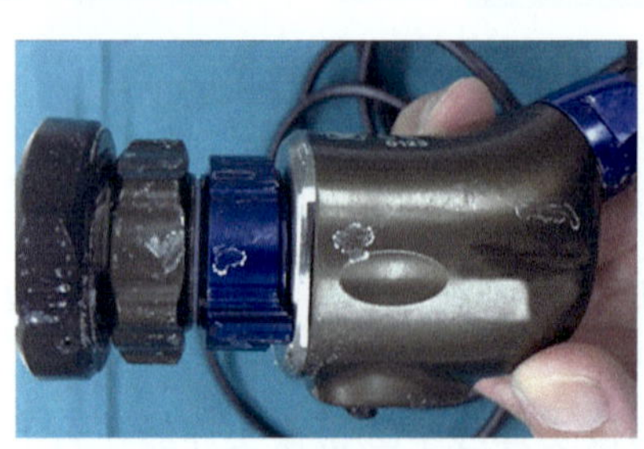

图 2-13　未擦拭干净的摄像头

### 4. 摄像头内部起雾

（1）常见故障：手术刚开始时图像清晰，使用一段时间后出现模糊，且不能通过擦拭内窥镜解决问题（图 2-14）。

（2）处理建议：①摄像头使用和存放环境要尽量干燥；②不能浸泡清洗；③清水冲洗后要及时干燥；④该故障需要联系厂家维修处理。

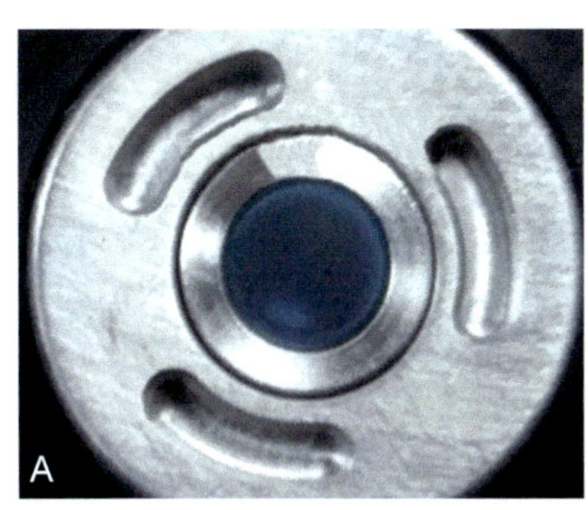

**图 2-14　摄像头内部起雾**

A. 镜面模糊；B. 镜面通透

## 二、摄像主机

### （一）摄像主机描述

摄像主机是一种视频信号处理设备，它通过内部电路处理摄像头输入的数字信号，将摄像头的数字信号处理成为符合国际标准、监视器可以显示的视频信号。同时部分摄像主机还可以实现图像的拍照、录像及其他设备控制等附加功能。

### （二）摄像主机分类

1. 根据连接摄像头感光元件的数量，可分为单晶片摄像主机和三晶片摄像主机。

2. 根据成像形式，可分为 2D 摄像主机和 3D 摄像主机。

3. 根据成像清晰度，可以分为标清摄像主机、高清摄像主机、4K 超高清摄像主机。

4. 根据设备的整合程度，将摄像主机、监视器、冷光源整合在一起而组成的一体机；随着科技的不断发展及微创手术对影像要求的不断提高，最新的摄像主机以影像平台的形式出现，通过搭配不同的模块实现连接高清单晶片、高清三晶片、3D、荧光、4K 摄像头，以及电子软镜，实现数字高清或 4K 视频信号输出。

5. 摄像主机图解与分类见表 2-3。

表 2-3　摄像主机图解与分类

| 摄像主机 | 连接摄像头 | 成像清晰度 |
| --- | --- | --- |
|  单晶片摄像主机 | 标清单晶片摄像头；电子软镜 | 模拟标清 |
|  三晶片摄像主机 | 标清三晶片摄像头 | 模拟标清 |
|  一体式单晶片摄像主机 | 标清单晶片摄像头；电子软镜 | 数字标清 |
|  高清摄像主机 | 高清三晶片摄像头；数字化三晶片摄像头；数字化单晶片摄像头；电子软镜 | 数字高清 |
|  3D 摄像头主机 | 3D 摄像头 | 数字 3D 标清 |
|  IMAGE1 S 影像平台 | 高清三晶片摄像头；高清 3D 摄像头；荧光摄像头；4K 摄像头；数字化单晶片摄像头；电子软镜 | 数字 4K；数字 2D 高清；数字 3D 高清 |

## （三）摄像主机结构组成

1. 影像平台的结构组成　如图 2-15。

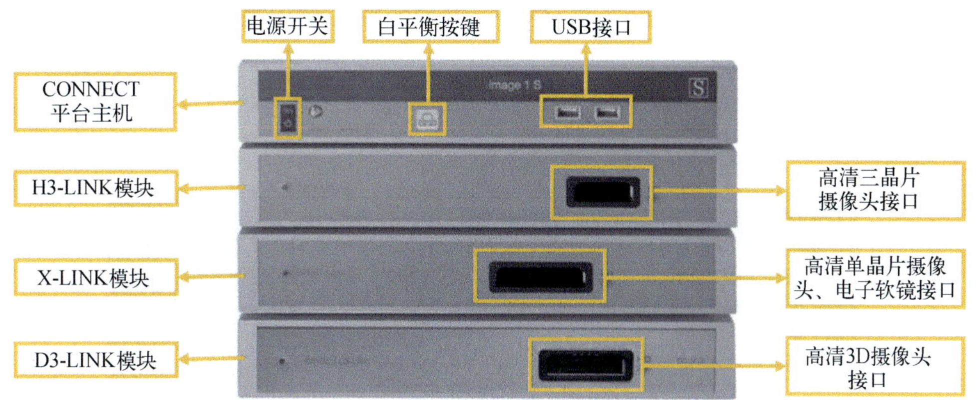


图 2-15　影像平台的结构

（1）CONNECT：影像平台的核心主机，连接所有模块。

（2）H3-LINK 模块：连接高清三晶片摄像头、荧光摄像头。

（3）X-LINK 模块：连接高清单晶片摄像头、电子软镜。

（4）D3-LINK 模块：连接高清 3D 摄像头。

（5）电源开关：设备开机与关机。

（6）白平衡按键：短按进行图像白平衡校准。

（7）USB 接口：用于连接 U 盘、键盘等设备。

（8）高清三晶片摄像头接口：用于连接高清三晶片摄像头。

（9）高清单晶片摄像头、电子软镜接口：用于连接高清单晶片摄像头和电子软镜。

（10）高清 3D 摄像头接口：用于连接高清 3D 摄像头。

2. 影像平台背部接口结构　如图 2-16。

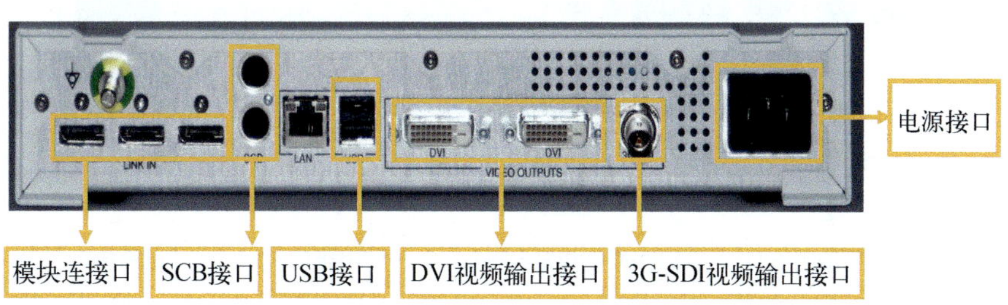


图 2-16　影像平台背部接口结构

（1）电源接口。

（2）模块连接口：用于平台与模块的连接。

（3）SCB 接口：使用 SCB 总线控制其他设备。

（4）USB 接口：用于连接 U 盘、键盘等设备。

（5）DVI 视频输出接口：共 DVI-1、DVI-2 两个输出接口，输出 2D 或 3D DVI 视频信号。

（6）3G-SDI 视频输出接口：输出 2D 或 3D 3G-SDI 视频信号。

3. 高清摄像主机面板结构　如图 2-17。

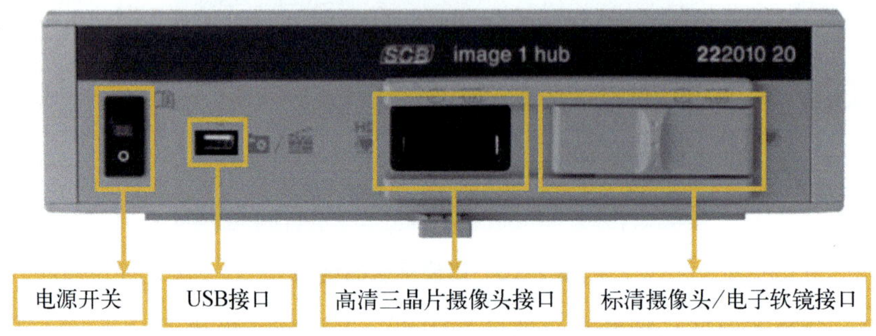


图 2-17　高清摄像主机面板结构

（1）电源开关。

（2）USB 接口：连接 U 盘录像或拍照。

（3）高清三晶片摄像头接口：用于连接高清三晶片摄像头。

（4）标清摄像头 / 电子软镜接口：用于连接标清单晶片、三晶片摄像头和电子软镜。

4. 高清摄像主机背部接口结构　如图 2-18。

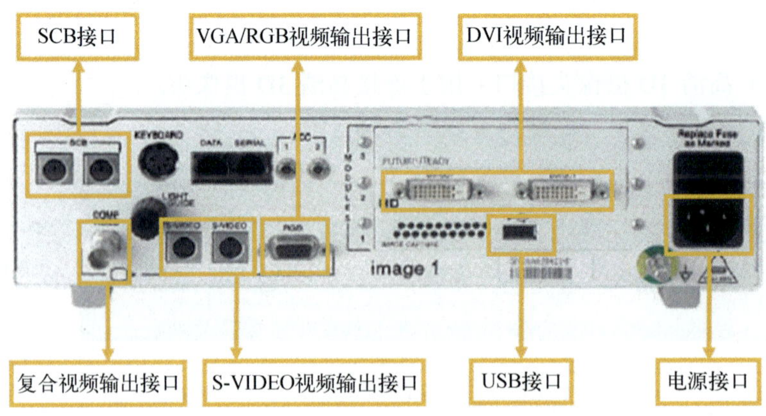


图 2-18　高清摄像主机背部接口结构

（1）SCB 接口：使用 SCB 总线控制其他设备。

（2）VGA/RGB 视频输出接口：输出标清 VGA/RGB 视频信号。

（3）DVI 视频输出接口：共 DVI-1、DVI-2 两个输出接口，输出高清 DVI 视频信号。

（4）复合视频输出接口：输出标清 COMPOSITE 视频信号。

（5）S-VIDEO 视频输出接口：输出标清 S-VIDEO 视频信号。

（6）USB 接口：连接 U 盘录像或拍照。

（7）电源接口。

5. 高清摄像主机工作原理　如图 2-19。

## （四）摄像主机常用功能设置

### 1. 影像平台常用功能设置

（1）白平衡：进行白平衡校准，内窥镜物镜端对准白色参照物（如无菌纱布），距离 2cm 左右，确保白色区域覆盖整个监视器，调整焦距使视野清晰，冷光源亮度调节到 2/3 左右，然后按下主机面板上白平衡按钮或通过摄像头功能键进行白平衡校正。

（2）拍照：拍摄当前图像，存储在连接到 USB 接口上的 U 盘或移动硬盘（FAT32 格式）上。屏幕右下角显示。

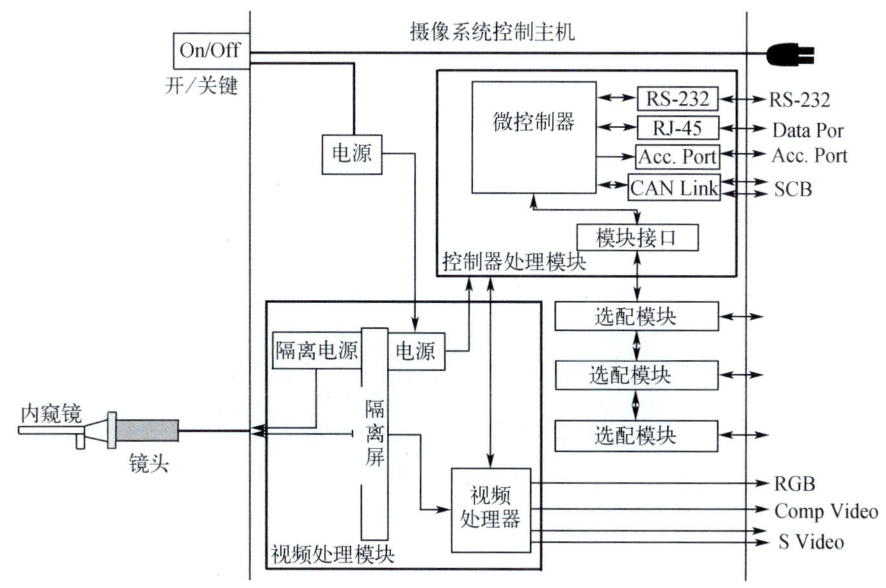


图 2-19　高清摄像主机工作原理

（3）视频：开始或停止录制当前图像，存储在连接到 USB 接口上的 U 盘或移动硬盘（FAT32 格式）上。录制视频时屏幕右下角显示；当停止录像后，屏幕右下角显示，表示此时正在保存录像，请不要断电或拔出 U 盘。

（4）亮度：调整主机输出图像亮度信号的强弱、，该亮度与光源亮度无关。

（5）增强（图 2-20）。

1）标准：无影像增强。

2）CLARA：在保证画面正常亮度的前提下增加画面阴影部分的亮度，帮助术者发现潜在的病变。

3）CLARA+ CHROMA：增加画面阴影部分的亮度，同时提高画面的解析力。

4）CHROMA：提高画面的解析力，使组织看得更加清晰。

5）SPECTRA A：使血管以墨绿色显示，帮助术者更好地看清血管的分布。

6）SPECTRA B：保持血管的正常颜色，减淡其他组织的颜色，帮助术者更好地看清血管分布。

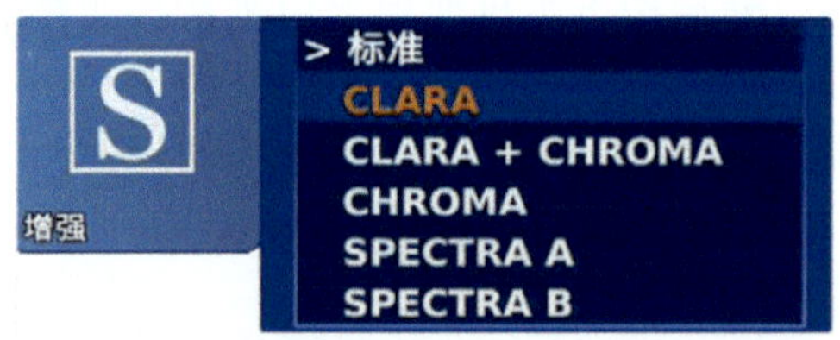


图 2-20 “增强”按钮图标及“增强”选项

（6）摄像头按键设定：设定摄像头按键的快捷功能（图 2-21）。

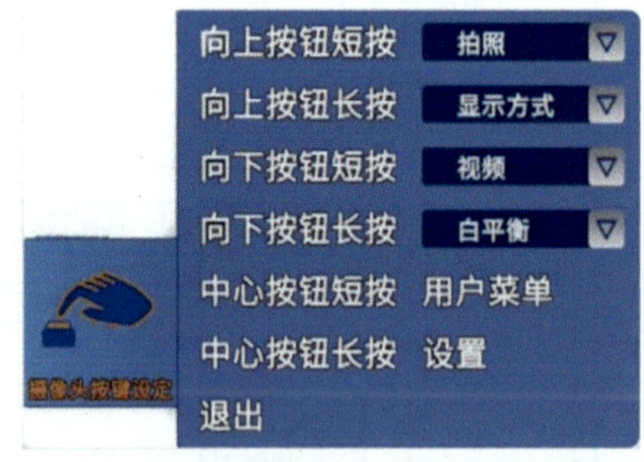


图 2-21 “摄像头按键设定”按钮图标及其选项

（7）显示见图 2-22。

1）主画面：主要观看的图像画面。选择相应的模块，监视器上即可显示该模块输出的信号。

2）副画面：开启画中画功能，第二个画面显示的模块信号。

3）画中画布局：开启画中画功能后，主画面与副画面的分布方式。

4）显示方式：在 3D 系统中，此处可以进行图像画面 3D 和 2D 的切换。

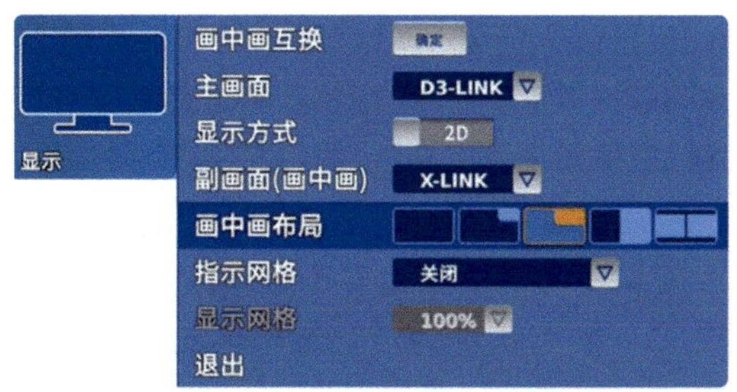


图 2-22　“显示”按钮图标及其菜单选项

（8）翻转图像：当使用 30°　3D 摄像头，用向上视角观察上腹壁时，监视器图像也会跟着翻转，影响手术操作，此时就可以使用图像 180° 翻转功能，将图像画面恢复到正常位置（图 2-23）。

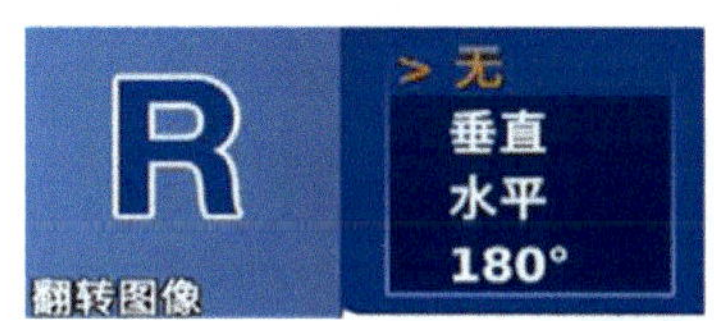


图 2-23　“翻转图像”按钮图标及其菜单选项

### 2. 高清摄像主机常用功能设置

（1）White Balance：进行白平衡校准。

（2）Enhancement：调整图像锐度。

（3）Brighness：调整图像亮度。

（4）Program Head Buttons：设定摄像头按键的快捷功能。

1）摄像头左键：Capture Still。拍摄当前图像，存储在连接到 USB 接口上的 U 盘或移动硬盘（FAT32 格式）上。

2）摄像头右键：Capture Video。开始或停止录制当前图像，存储在连接到 USB 接口上的 U 盘或移动硬盘（FAT32 格式）上。

存储视频时屏幕右下角显示绿色圆点。

（5）对比影像平台系统和普通高清系统的常用功能操作（图 2-24），可以发现影像平台的软件功能都已图形化，更有利于使用者辨识和操作。

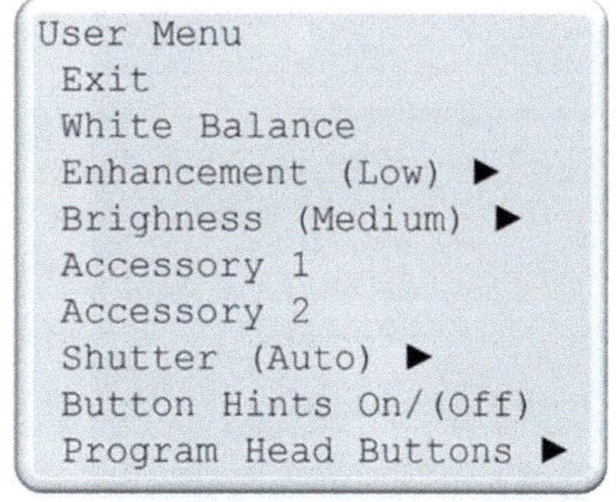


图 2-24　普通高清系统常用功能设置菜单

## （五）摄像主机常见故障与处理建议

### 1. 不能录像

（1）常见故障：不能将照片和视频存入 U 盘。

（2）处理建议：①摄像头快捷按键设置错误，可重新设置快捷键；② U 盘或移动硬盘存储空间不足，清空后再使用；③ U 盘或移动硬盘格式错误，重新将 U 盘格式化成 FAT32 格式；④ U 盘损坏，更换 U 盘。

### 2. 电磁干扰

（1）常见故障：使用电刀时图像出现干扰条纹或黑屏现象。

（2）处理建议：①更换高质量的，且有磁环的视频线；②电刀供电电源与主机供电电源分开，并将电刀等能量设备远离摄像主机；③主板屏蔽功能故障，需要送修；④摄像头连线信号屏蔽层破损，需要送修摄像头。

### 3. DVI 接口损坏

（1）常见故障：连接副屏时，频繁插拔 DVI 连线易导致 DVI 接口破损。

（2）处理建议：在 DVI 接口处增加一个 DVI 延长线，所有的插拔操作都在转换器上进行，而不是在主机的 DVI 接口上进行（图 2-25、图 2-26）。

图 2-25　DVI 接口破损

图 2-26　DVI 延长线

### 4. 摄像头接口接触不良

（1）常见故障：轻晃接头，图像会出现干扰、偏色、黑屏等现象。

（2）处理建议：①频繁插拔摄像头导致接口内部针脚磨损、变形、甚至损坏，不要频繁插拔摄像头（图 2-27）；②如果接口已损坏，则需送厂家更换接口。

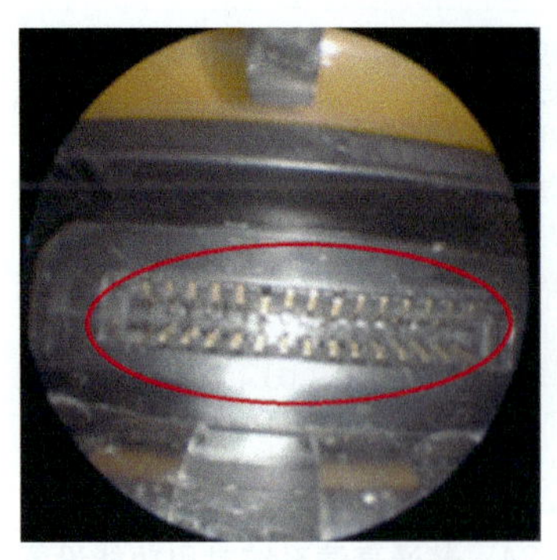

图 2-27　接口内部针脚损坏

### 5. 信号输出接口灰尘堵塞或锈蚀

（1）常见故障：视频线与接口接触不良，出现偏色、黑屏等现象。

（2）处理建议：①确保手术室、设备存放间环境干燥，避免金属接口出现锈蚀问题（图 2-28）；②对接口及时清洁除尘处理。

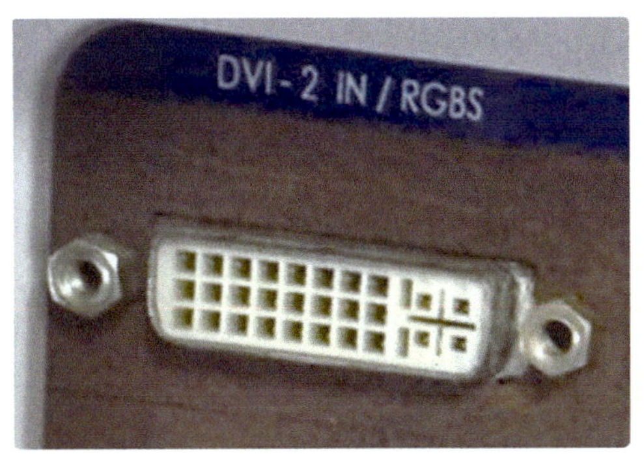


图 2-28　信号输出接口灰尘堵塞或锈蚀

### 6. 保险丝烧毁

（1）常见故障：开机后电源开关指示灯不亮，无图像输出。

（2）处理建议：①保险丝烧毁，更换保险丝；②主板电路故障，更换新保险丝后会再次烧毁，需送修。

整体来说，摄像主机故障发生率低，术中无须特殊操作，如果出现故障，多数是硬件问题，需要送厂家进行维修。

## 三、医用监视器

### （一）医用监视器描述

医用监视器（图 2-29）是医疗行业影像或视频监控系统的显示终端设备。

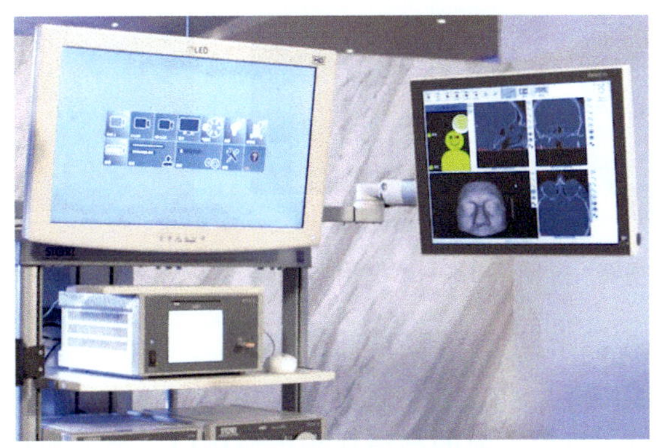

图 2-29　医用监视器

不可以用民用显示器替代医用监视器，其原因为：①医用监视器有医疗行业认证，被法律承认；②医用监视器有医疗行业影像或视频显示所需的各种信号接口；③医用监视器的色彩还原能力更强，能还原最真实的镜下色彩；④医用监视器的抗干扰能力更强，不易受外界设备干扰；⑤医用监视器的运行稳定性与可靠性都更高。

### （二）医用监视器的分类

1. 根据显示内容分类　可分为影像医用监视器和视频医用监视器。

（1）影像医用监视器：主要用来查看静态图像，如 CT/MRI 使用的监视器。

（2）视频医用监视器：主要用来查看动态影像，如内窥镜使用的监视器。

2. 根据成像形式分类　可分为 2D 医用监视器和 3D 医用监视器。

（1）2D 监视器只能观看 2D 影像（图 2-30）。

（2）3D 监视器既可以观看 3D 影像，又可以观看 2D 影像（图 2-31）。

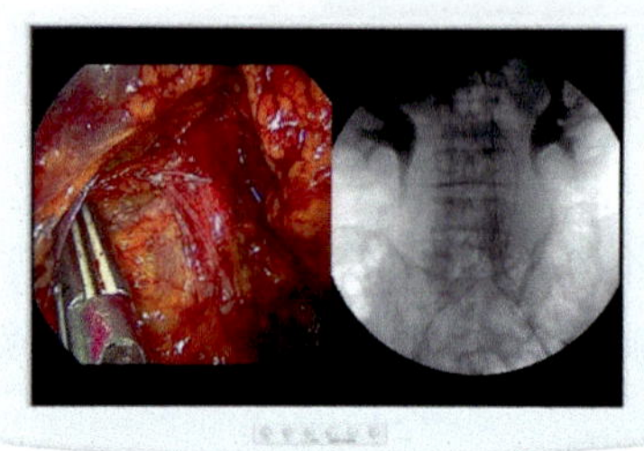

图 2-30　2D 监视器

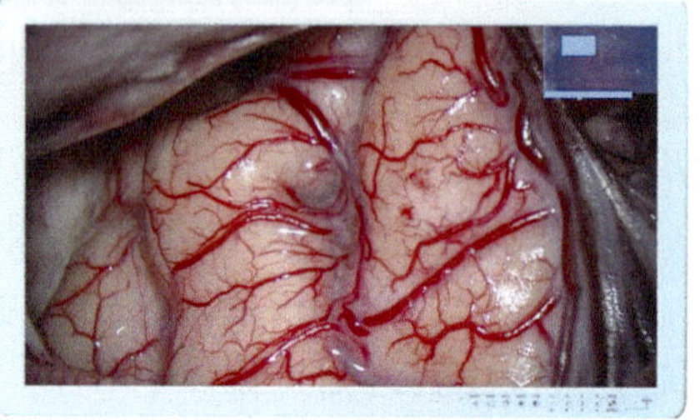

图 2-31　3D 监视器

3. 根据成像清晰度分类　可以分为标清医用监视器、高清医用监视器和 4K 医用监视器。

4. 根据成像原理分类　可分为 CRT 医用监视器①（图 2-32）、LCD 医用监视器②（图 2-33）和 LED 医用监视器③（图 2-34）。

图 2-32　CRT 监视器

图 2-33　LCD 用监视器

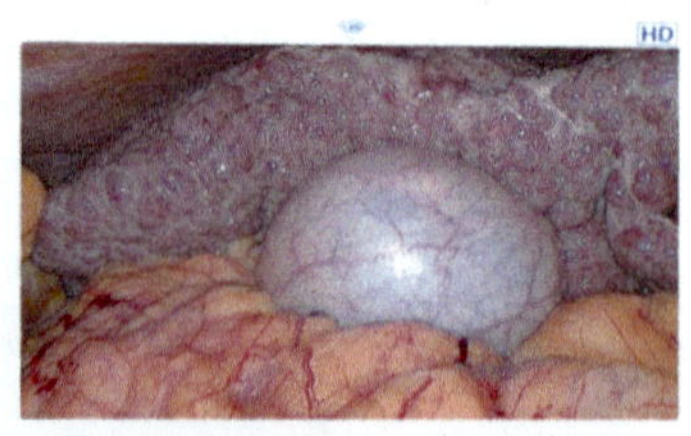


图 2-34　LED 监视器

### （三）医用监视器常见信号接口与信号连接

1. 常见信号接口

（1）DVI 接口：目前主流的高清视频传输接口，最大带宽为 5 Gbps，可传

① CRT：cathode ray tube，阴极射线管。CRT 监视器是一种使用阴极射线管的显示器。

② LCD：liguid cnystal clisplay，液晶显示器。LCD 的构造是在两片平行的玻璃基板当中放置液晶盒，下基板玻璃上设置薄膜晶体管（TFT），上基板玻璃上设置彩色滤光片，通过 TFT 上的信号与电压改变来控制液晶分子的转动方向，从而达到每个像素点偏振光出射与否而达到显示目的。LCD 替代 CRT 已成为主流。

③ LED：light emitting diode，发光二极管。LED 监视器是指使用 LED 作为背光光源的液晶显示器。

输高清 2D 或 3D 数字视频信号。

1）DVI-D：全数字视频信号（图 2-35）。

2）DVI-I：数字视频信号加模拟（VGA）视频信号（图 2-36）。

图 2-35 全数字视频信号接口

图 2-36 数字视频信号加模拟视频信号接口

（2）BNC 接口：利用 BNC 接口传输的视频信号有两种，分别是模拟视频信号和数字视频信号，由于这两种视频信号的处理电路不同，请注意不可以混接。

1）COMP VIDEO：模拟复合标清视频信号，单根同轴电缆可以传输亮度和色度信号（图 2-37）。

2）SDI：数字串行视频信号（图 2-38）。

图 2-37 COMP VIDEO 接口

图 2-38 SDI 接口

SDI 数字视频信号根据最大带宽的不同分别有以下 4 种。① SD-SDI：带宽为 270Mbps，可传输标清数字视频信号；② HD-SDI：带宽为 1.485Gbps，可传输高清 2D 数字视频信号；③ 3G-SDI：带宽为 3Gbps，可传输高清 2D、3D 数字视频信号；④ 12G-SDI：带宽为 12Gbps，可传输 4K 或更高清晰度的数字视频信号。

目前，有 3 种方法可以通过 SDI 接口来传输 4K 数字视频信号：① 4 个 3G-SDI 接口同时工作，每个接口传输 3Gbps 的数字视频数据，此方法可靠性差；②将 12Gbps 的数据压缩到 3Gbps，利用 1 个 3G-SDI 接口传输数字视频数据；此方法是有损传输；③ 1 个 12G-SDI 接口传输未经压缩的视频。

（3）VGA/RGB 接口：VGA 接口（图 2-39）和 RGB 接口（图 2-40）传输的是同一种模拟视频信号，都是红、绿、蓝三原色信号加同步信号，只是接口形式不同。

图 2-39 VGA 接口

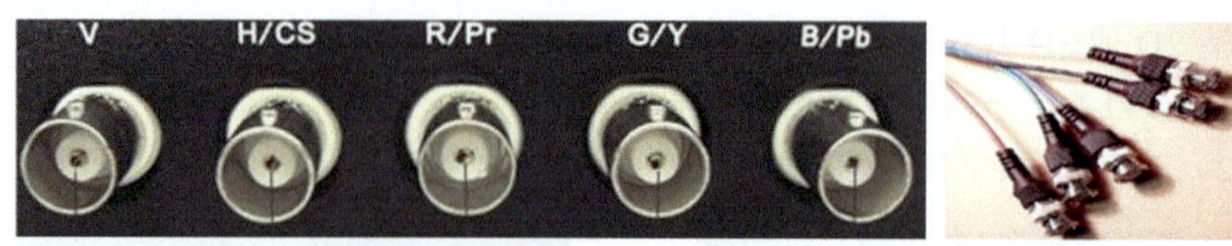


图 2-40　RGB 接口

（4）S-VIDEO（图 2-41）：模拟标清视频信号，俗称“S 端子”S-VIDEO 将亮度（Y）和色度（C）信息分离成 2 个视频信号。图像效果优于 COMP VIDEO，比 VGA/RGB 差。

图 2-41　S-VIDEO 接口

2. 信号连接　摄像主机信号输出口输出 2D 或 3D 视频信号，通过与主机信号输出接口匹配的视频连线将信号传输至监视器对应的信号输入接口（图 2-42、图 2-43）。

摄像主机信号输出接口 —— 视频连线（DVI/SDI/RGB等） —— 监视器信号输入接口

图 2-42　信号连接模式

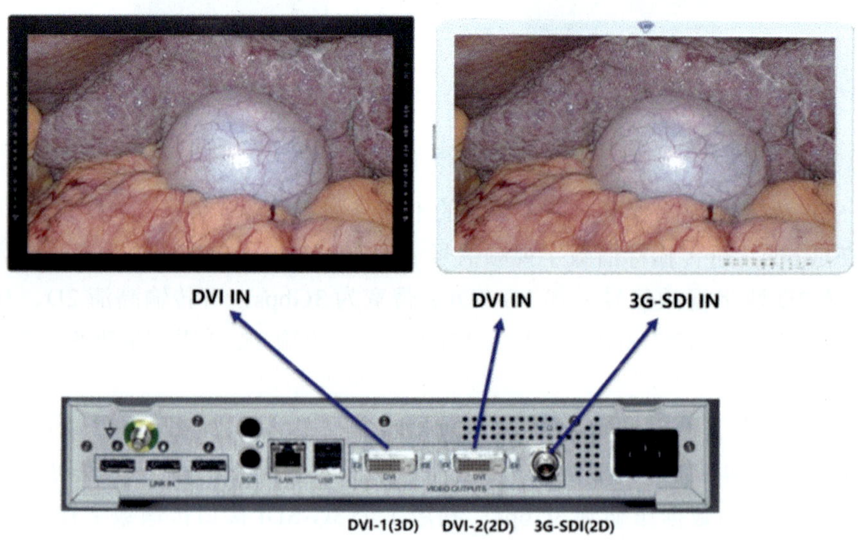


图 2-43　视频信号

## （四）医用监视器功能调节与参数设置

### 输入信号选择

（1）NDS 监视器（图 2-44）：①按下监视器面板上的 INPUT 按钮，显示快速选择菜单；②快速选择菜单列出了 5 种信号的标签，按下标签下方的按键即可显示该信号。例如，要选择 DVI-1，按下 DVI-1 标签下的 MENU 按钮即可。

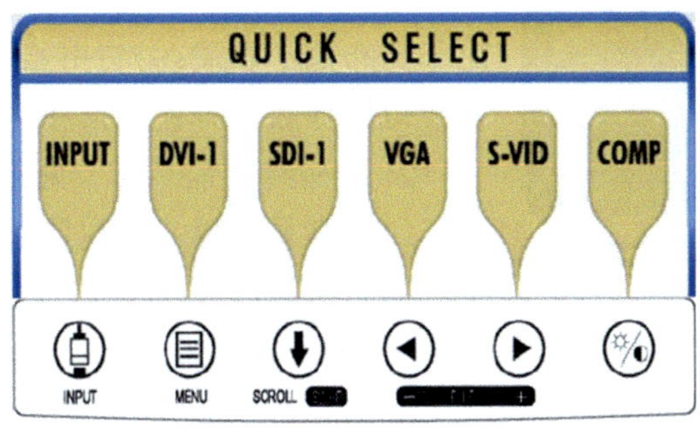


图 2-44　NDS 监视器面板

（2）EIZO（Panasonic）2D/3D 监视器：按下监视器面板上的 输入选择 按钮，显示输入选择菜单 ( 图 2-45)。

（3）SONY 2D 监视器：①按下监视器面板上的 CONTROL 按钮，打开 / 关闭按钮功能；②按下监视器面板上的 PORT A 按钮，显示输入配置菜单（图 2-46）。

图 2-45　EIZO 监视器

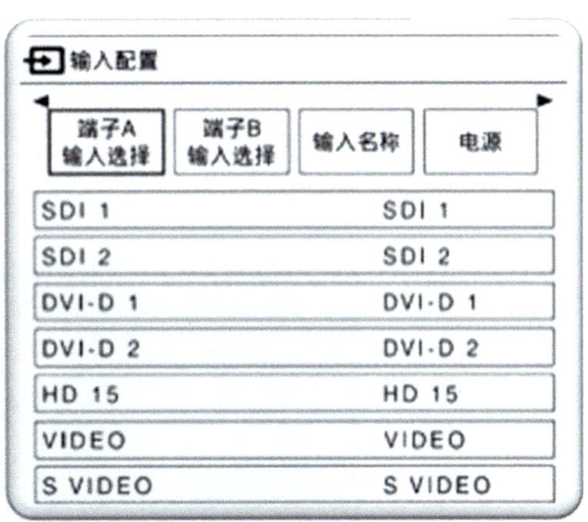


图 2-46　SONY 2D 监视器菜单

（4）SONY 3D 监视器：①按下监视器面板上的 CONTROL 按键，打开 / 关闭按键功能；②按下监视器面板上的 DVI 按键。

### （五）医用监视器常见故障与处理建议

1. 监视器屏幕模糊　见图 2-47。

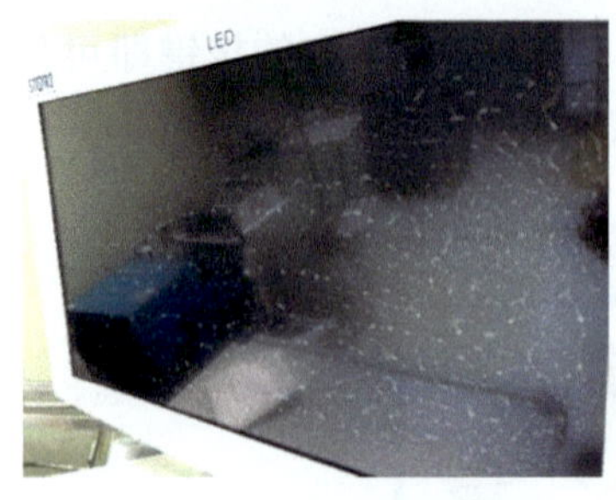

图 2-47　监视器屏幕模糊

（1）常见故障：屏幕上有大量水渍残留，造成图像模糊。

（2）处理建议：①用湿抹布擦拭屏幕后，需用干抹布擦干水渍；②勿用乙醇擦拭监视器屏幕，乙醇可能导致屏幕镀膜损坏。

2. 监视器屏幕损伤　见图 2-48。

（1）常见故障：监视器屏幕机械性损伤；屏幕表面防反光涂层损伤。

（2）处理建议：①在推行台车时，注意保护监视器，防止监视器与其他物体发生碰撞、剐蹭或跌落损坏；②禁止使用酸性、碱性清洁剂清洁屏幕。

图 2-48　监视器屏幕损伤

3. 电磁干扰　见图 2-49。

（1）常见故障：使用电刀时图像出现干扰条纹或黑屏现象。

（2）处理建议：①更换高质量的视频线；②所有设备保证可靠接地。

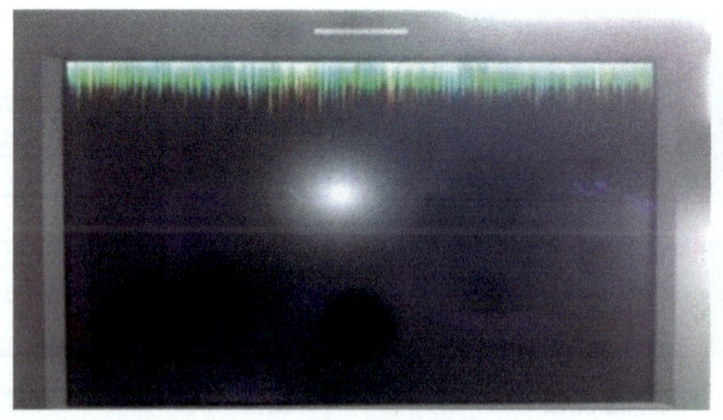

图 2-49　电磁干扰

4. DVI 接口损坏　见图 2-50。

（1）常见故障：与主机一样，频繁插拔 DVI 连线也有造成监视器 DVI 接口损坏的风险。

（2）处理建议：在 DVI 接口处增加一个 DVI 延长线，所有的插拔操作都在转换器上进行，而不是在监视器和摄像主机的 DVI 接口上进行。

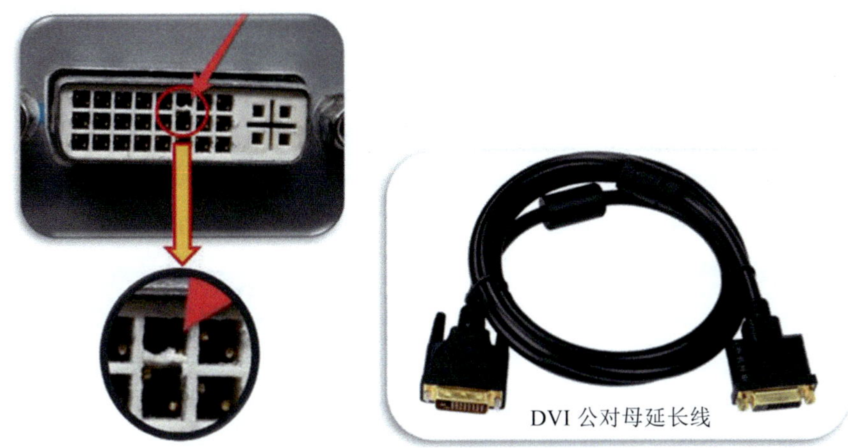


图 2-50　DVI 接口损坏

## 四、摄像系统操作流程

第一步：打开监视器电源开关（图 2-51）。监视器参数一般不需调节，开机即可。

第二步：打开摄像主机电源开关（图 2-52）。轻按开关指示图标，指示灯亮起。

图 2-51　打开监视器电源开关

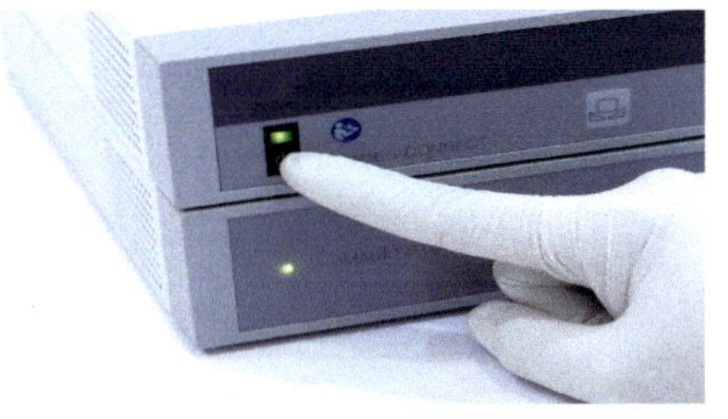

图 2-52　打开摄像主机开关

第三步：摄像头套无菌套（图 2-53）。建议摄像头不消毒灭菌，术中使用无菌套保护摄像头，以延长摄像头使用寿命。无菌套捆扎绳固定在镜子目镜端，连接时注意不要造成污染。

第四步：连接内窥镜和导光束（图 2-54）。导光束建议消毒灭菌处理，如不消毒灭菌，建议单独用一个无菌套包裹。

第五步：摄像头与主机相连（图 2-55）。连接前确保摄像头金手指干净、干燥，握住摄像头连线插头硬质部分，用力将插头推至底部，确保摄像头与主机连接良好。

第六步：插入 U 盘（图 2-56），用于术中影像刻录。支持 FAT32 格式的存储器（U 盘或移动硬盘）。

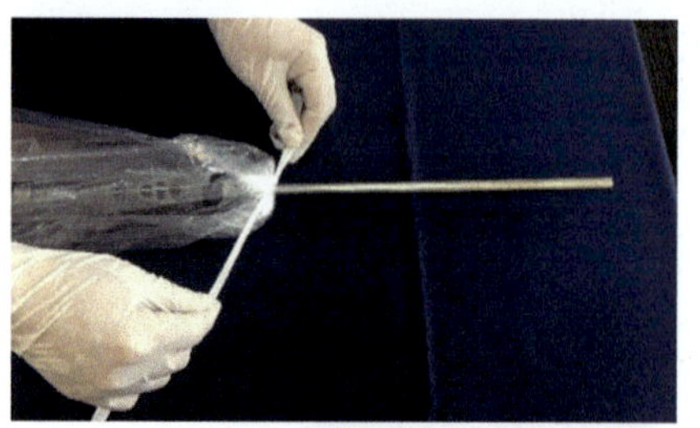

图 2-53　摄像头套无菌套

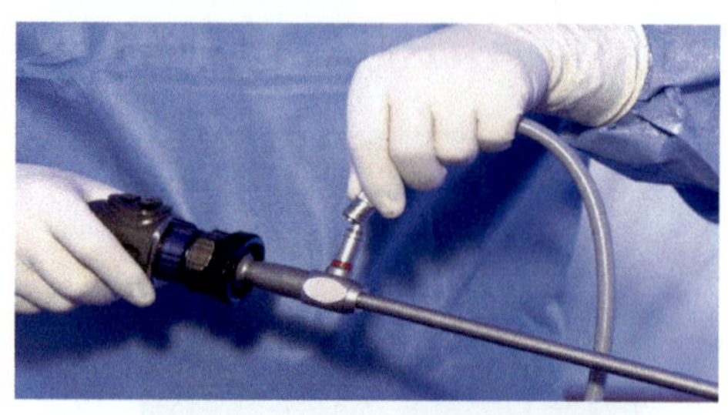

图 2-54　连接内窥镜和导光束

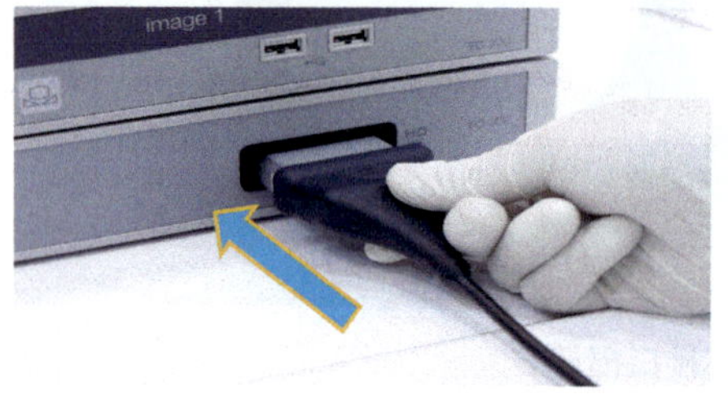


图 2-55　摄像头与主机相连

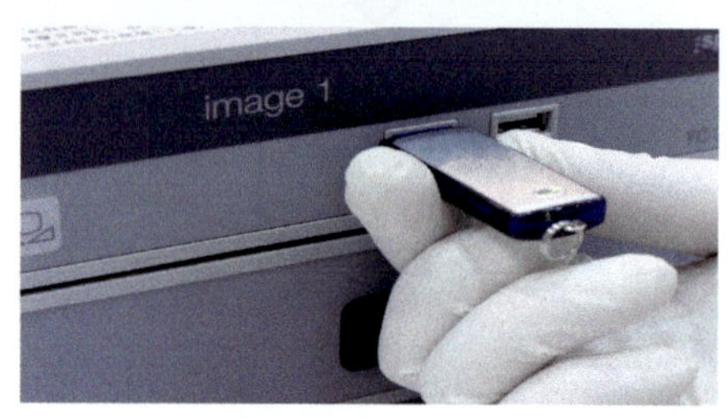


图 2-56　插入 U 盘

第七步：图像调节（图 2-57）。蓝色调焦环对画面进行放大和缩小。金色调焦环对画面进行对焦，使画面清晰。

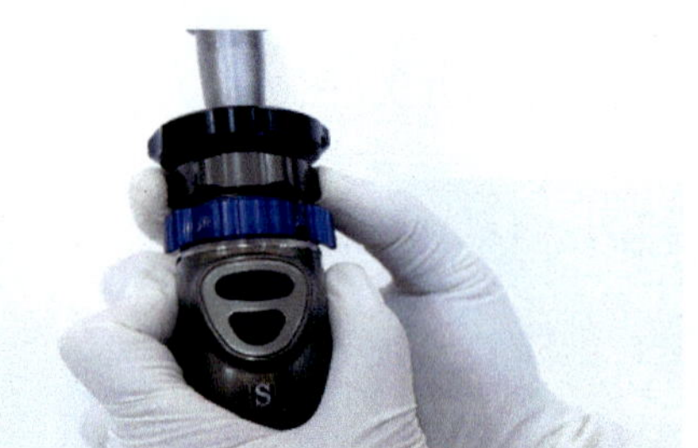

图 2-57　图像调节

第八步：白平衡操作。冷光源亮度调至 30%。镜子对准纯白纱布（图 2-58），白色覆盖整个视野并保持视野清晰。短按白平衡键（图 2-59），监视器下方提示“白平衡成功”。

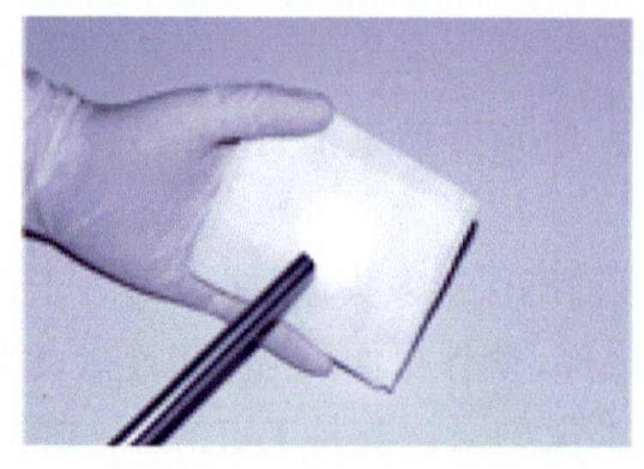

图 2-58　镜子对准白纱布

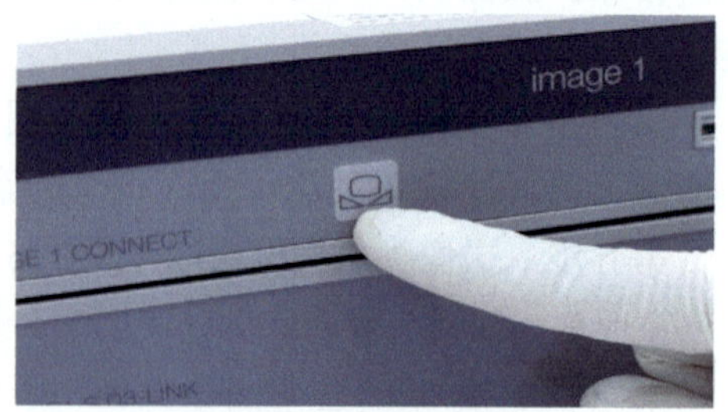


图 2-59　短按白平衡键

第九步：菜单功能调节（图 2-60）。根据临床医师使用习惯进行选择。

图 2-60　菜单功能调节

第十步：启动录像功能（图 2-61）。按摄像头上已设置好的录像快捷键。监视器右下角出现带有绿色圆点的摄像机图标，表示正在录像。在录像的同时可以进行拍照。

第十一步：浸泡镜子（图 2-62），防止术中起雾。用 60℃左右的无菌热水浸泡镜子物镜端 20 秒。术中镜子起雾后还可以用聚维酮碘溶液对内窥镜物镜端镜面进行擦拭。

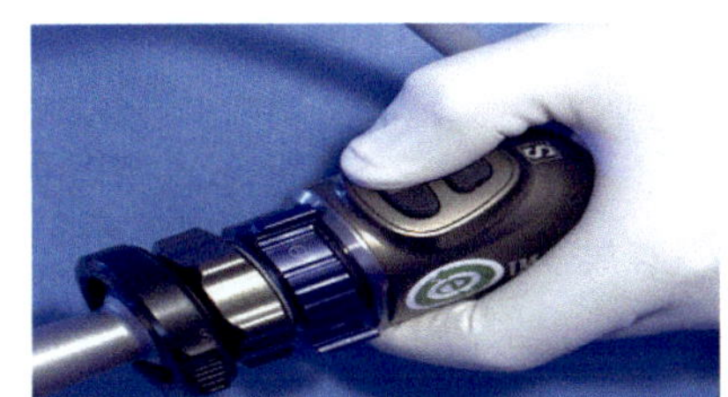

图 2-61　启动录像功能

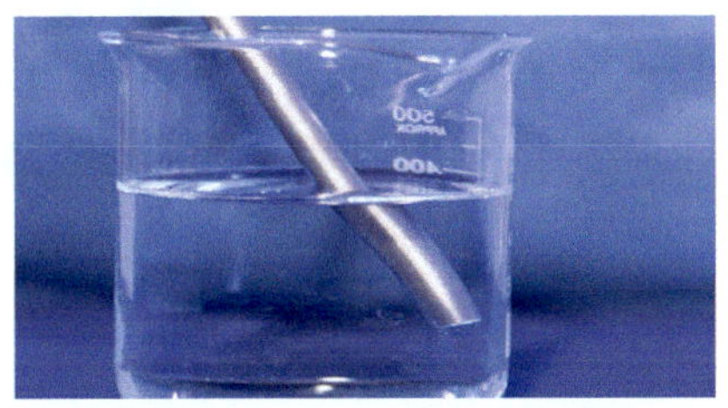

图 2-62　浸泡镜子物镜端

第十二步：术中正确持握摄像头和导光束（图 2-63）。摄像头连线在台上要预留足够的长度。导光束盘成半圆，与摄像头一起持握，能有效避免摄像头连线和导光束弯折损坏。

第十三步：停止录像（图 2-64）。手术结束后再次按下录像快捷键。监视器右下角会出现 U 盘保存图标，待图标消失后才可以拔下 U 盘。未停止录像直接拔除 U 盘会导致录像丢失。

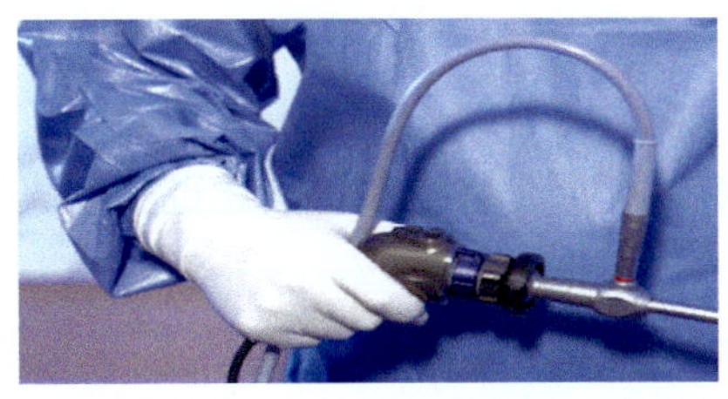

图 2-63　术中正确持握摄像头和导光束

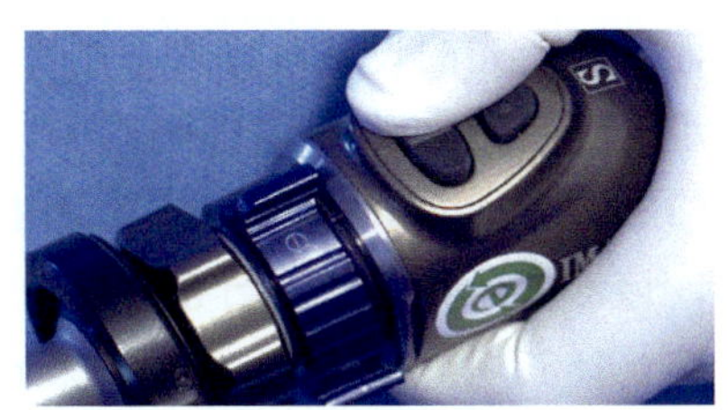

图 2-64　停止录像

第十四步：关机（图 2-65）。术后依次关闭摄像主机及监视器电源。

第十五步：拔除摄像头(图 2-66)。握住摄像头插头硬质部分，向外用力拔出。切勿拉拽连线来拔除摄像头。

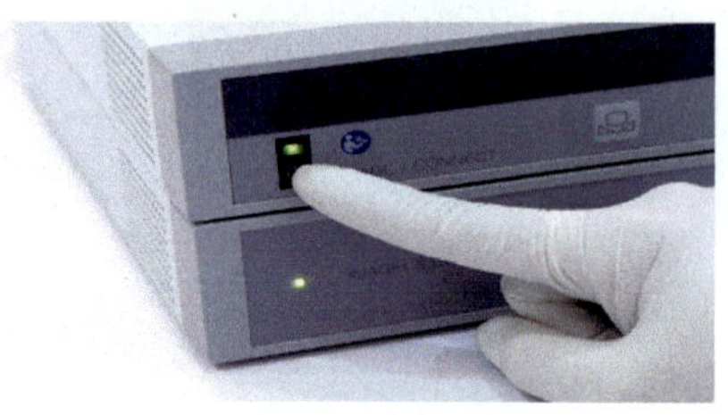

图 2-65 关机

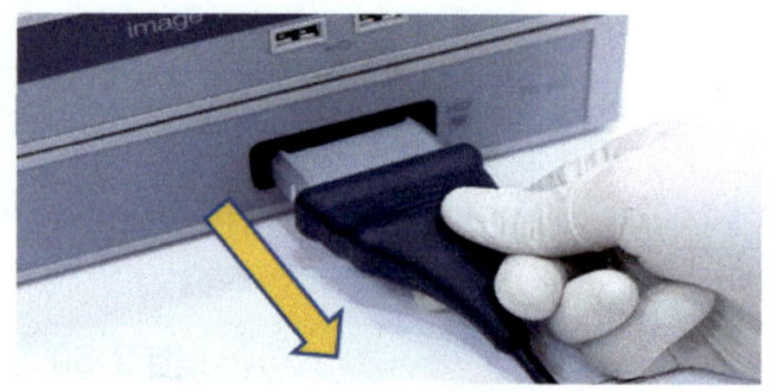

图 2-66 拔除摄像头

第十六步：摄像头存放（图 2-67）。摄像头连线盘成直径不小于 15cm 的线圈。盖好保护盖后，将摄像头至于台车抽屉内存放。

图 2-67 摄像头存放

## 第二节 医用冷光源系统

### 一、冷光源主机

#### （一）医用冷光源描述

在内窥镜手术中，医用冷光源是提供腔内照明的主要设备。但冷光源灯泡发出的光本身不是冷光，而是色温接近日光的一种可见光。这类光的发热量很大，无法直接用于腔内照明。但是在灯泡前面安置一片红外滤光片，将光线中产生热量最大的红外光过滤掉，这时输出的光热量相对较低，这种光则称为冷光，而输出冷光的设备就称为医用冷光源。

现对医用光源发展历史进行简要叙述。

（1）公元前 460 ～前 370 年，内窥镜鼻祖希波克拉底曾描述过一种直肠诊视器，该诊视器利用的是日光。

（2）1587 年，委内瑞拉人 Cesarearanzi 应用暗箱聚光成束技术检查鼻腔。在暗室中，他将一个充满水的球形玻璃瓶放在一个遮光器的孔的前面，并将光反射聚焦后检查鼻腔。

（3）1768 年，法国妇科和外科医师乔治・阿诺德・罗塞尔首次利用隐蔽的光源做内窥镜检查。他利用夜灯作光源，将夜灯放在一个内侧镀银的盒子里，类似于相机的暗箱，光源通过一个凸透镜聚焦可照亮窥器撑开的阴道内部。

（4）1804 年德国法兰克福菲利普・波兹尼首先大胆提出内窥镜的设想，并于 1806 年制造出一种以蜡烛为光源的器具。该器具由一花瓶状光源、蜡烛和一系列镜片组成，被称为“明光器”（lichtleiter 或 light conductor）。虽然该器具从未用于人体，但是波兹尼仍被誉为第一个内窥镜的发明人。法国外科医师 Desormeaux 在 Bozzini“明光器”的基础上，以燃煤油和松节油的灯为光源，首次用于人体检测，因此他被许多人誉为“内窥镜之父”。虽然这种内窥镜可以到达胃，但由于光线太暗，主要用于检查泌尿系统疾病。灼伤是当时进行这种检查的主要并发症。

（5）1867 年，来自布雷斯劳的牙医 Bruck 以电流使铂丝环过热发光并以之作为光源来检查患者的口腔，他可以称得上是使用内光源的第一人。Burck 后来又发明了一种水冷装置以避免过热的铂丝灼伤组织。

（6）1878 年著名科学家爱迪生发明了白炽灯。1883 年，格拉斯哥的 Newman 用小型白炽灯代替原膀胱镜中照明所用的电热丝。1887 年 Dittell 将灯泡置于膀胱镜的最前端，这种照明系统成为那一时期内窥镜所采用的标准方式。

（7）1952 年，M.Fourestier、J.Vulmiere 和 A.Gladu 使用一块石英将外部光源传入支气管镜的远端，从而开发了“冷光”的概念。

（8）1960 年，充满创造热情的巨匠 Karl Storz 发明了划时代的远距离冷光源，即通过纤维光缆将光线送到要检查的部位。这项新技术使内窥镜检查技术得以更新，避免了以往白炽灯光源热量过高对组织造成的损伤，增强了照亮部位的亮度。

### （二）医用冷光源分类

1. 按照灯泡类型可分为卤素冷光源、氙灯冷光源和 LED 光源。

（1）卤素冷光源：使用的灯泡是卤素灯泡。卤素灯泡的使用寿命较短，一般为 50 小时，而且输出的光色温较低，颜色偏黄，靠改变电压来调节灯泡亮度。卤素冷光源是内窥镜发展初期使用的一种光源，目前基本已被淘汰（图 2-68）。

（2）氙灯冷光源：使用的灯泡是氙气灯泡。氙气灯泡的使用寿命一般为 500 小时，氙灯发出的光色温接近日光，能提供充足的照明和最真实的色彩还原。氙灯一旦点亮，其亮度是恒定不变的，输出亮度的大小通过调节光栅位置来完成。氙灯冷光源是现阶段最主流的一种光源，被广泛使用（图 2-69）。

图 2-68　卤素冷光源及卤素灯泡

图 2-69　氙灯冷光源及氙灯灯泡

（3）LED 冷光源：使用的灯泡是 LED 灯泡。LED 灯泡的使用寿命一般为 30000 小时，色温也很接近日光，输出亮度的大小同样是通过调节光栅位置来完成。LED 冷光源因为灯泡优势，在未来可能会成为最主流的一种光源（图 2-70）。

图 2-70　LED 冷光源及 LED 灯泡

2. 按照亮度调节方式可分为手动调光冷光源和电子调光冷光源（图 2-71）。

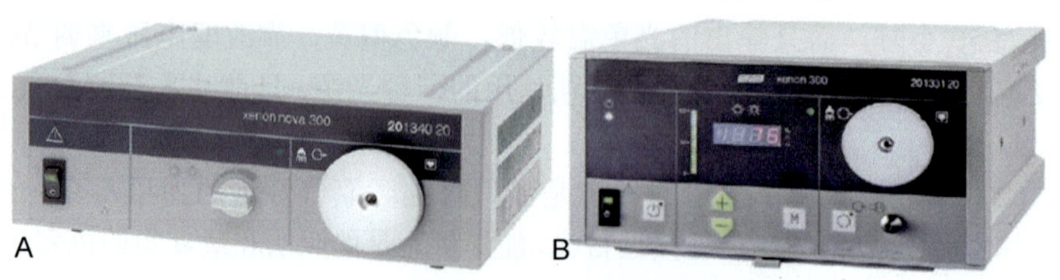


图 2-71　手动调光冷光源及电子调光冷光源

A. 手动调光冷光源；B. 电子调光冷光源

（1）手动调光冷光源：通过手动旋转旋钮来调节光栅位置，从而改变光通量，最终达到光源亮度调节的冷光源。

（2）电子调光冷光源：通过按键驱动内置电机电动调节光栅位置，从而改变光通量，最终达到光源亮度调节的冷光源。该光源可以被远程控制。

3. 同类型的光源，根据灯泡的瓦数可分为低功率冷光源和高功率冷光源（图 2-72）。以下以氙灯光源为例，进行分类。

（1）低功率冷光源：灯泡功率为 175W，常配合直径在 4mm 以下的内窥镜使用，如鼻窦镜、宫腔镜等。

（2）高功率冷光源：灯泡功率为 300W，常配合直径在 4 ～ 10mm 的内窥镜使用，如腹腔镜等。

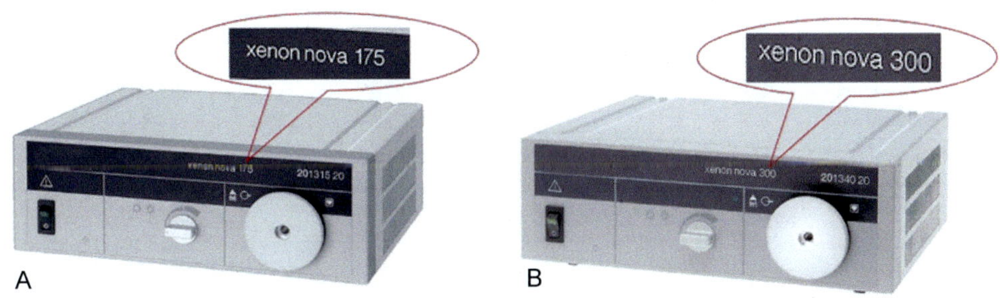


**图 2-72　低功率冷光源及高功率冷光源（以氙灯光源为侧）**

A. 低功率冷光源（灯泡功率为 175W）；B. 高功率冷光源（灯泡功率为 300W）

## （三）医用冷光源结构组成

以氙灯冷光源为例，对手动调光冷光源与电子调光冷光源的结构组成与工作原理进行介绍。

1. 手动调光氙灯冷光源　如图 2-73。

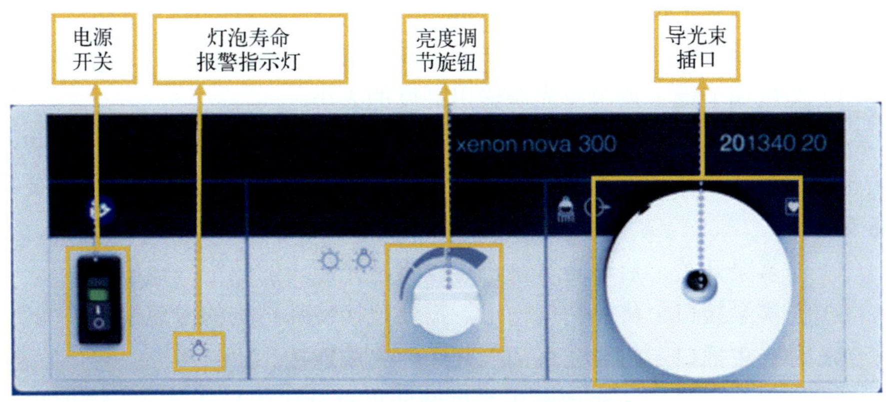


**图 2-73　手动调光氙灯冷光源结构**

（1）电源开关：冷光源开机与关机。

（2）灯泡寿命报警指示灯：灯泡使用时间达到 450 小时，红灯会常亮报警，当灯泡使用时间达到 500 小时，红灯会闪烁报警，此时提醒更换灯泡。

（3）亮度调节旋钮：手动调节该旋钮，可以调整光源的输出亮度。

（4）导光束插口：导光束插入其中，完成连接。

2. 电子调光氙灯冷光源　图 2-74。

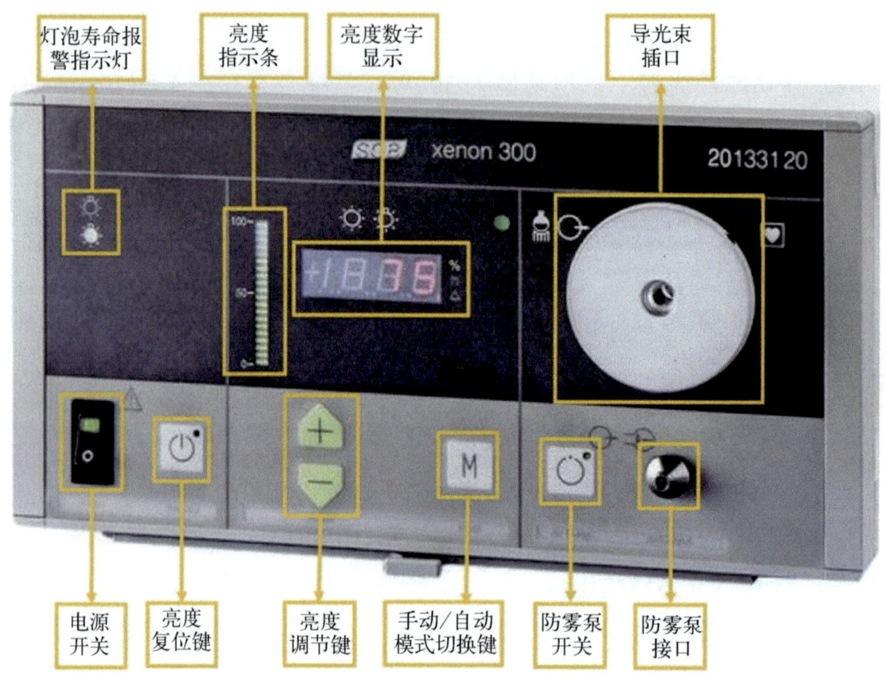


图 2-74　电子调光氙灯冷光源结构

（1）电源开关：冷光源开机与关机。

（2）亮度复位键：可以将亮度在 0 与设置值之间进行切换。

（3）亮度调节键：调节冷光源输出亮度的大小。

（4）手动 / 自动模式切换键：手动模式即手动按键来调节亮度，自动模式则会根据摄像头采集的视野图像亮度来自动调节自身的亮度输出，但需要特殊设备支持。

（5）防雾泵开关：启动防雾泵，可以将冷光源内的热空气输出。

（6）防雾泵接口：将热空气输出，需要连接特殊结构的内窥镜。

（7）导光束插口：将导光束插入其中，完成连接。

（8）亮度数字显示：实现输出亮度强弱以百分比的形式显示，亮度大小精确显示，另外通过调节还可以显示灯泡的使用时间。

（9）亮度指示条：是亮度数字显示的补充，亮度大小粗略显示。

（10）灯泡寿命报警指示灯：灯泡使用时间达到 500 小时后会常亮显示。

3. 灯泡组件　图 2-75。

（1）灯泡组件由供电底板、导电散热片、灯泡、红外滤光片组成。

（2）冷光源灯泡属于消耗件，为了确保手术安全，建议在灯泡寿命报警指示灯闪烁报警后就立即进行更换。

（3）在灯泡组件中，灯泡一般都可以单独更换，无须更换整个组件，以节省成本。

（4）在更换灯泡时，务必等光源冷却后再进行更换，否则有发生烫伤的风险。

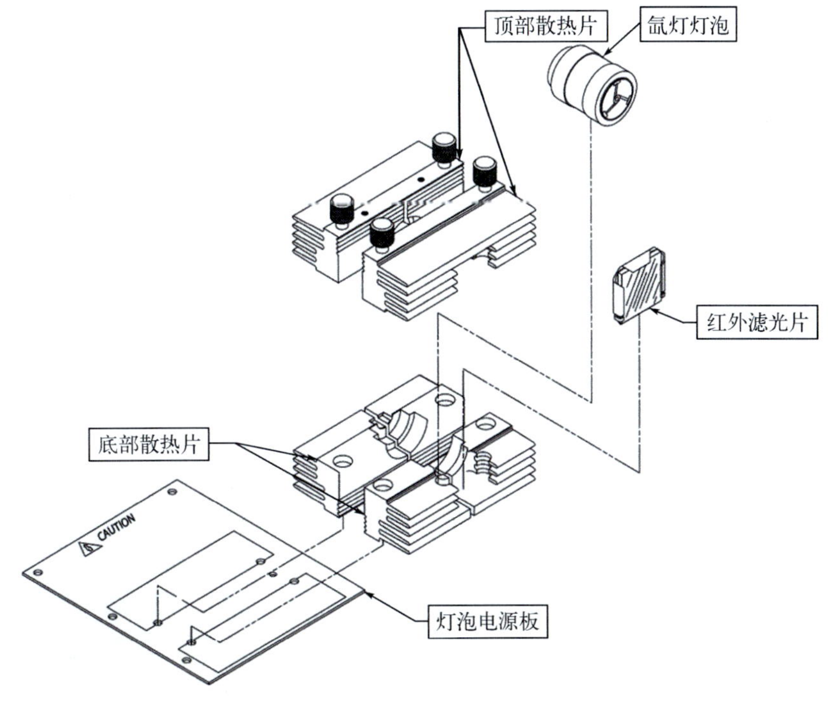


图 2-75　灯泡组件示意图

4. 医用冷光源工作原理　如图 2-76。

### （四）医用冷光源使用注意事项

以现阶段最主流的氙灯冷光源为例，对医用冷光源的使用注意事项进行介绍。

1. 不要频繁开关机，开关机的时间间隔一般为 20 ～ 30 分钟，否则会缩短氙灯的使用寿命。在门诊检查镜室（如喉镜室），患者人流量大，每人检查用时较短，这时冷光源就无须关机，在检查间歇把光源输出调至最小即可。在手术室内，一般手术换台的时间都较长，这时就应该关机，避免灯泡出现毫无必要的损耗。

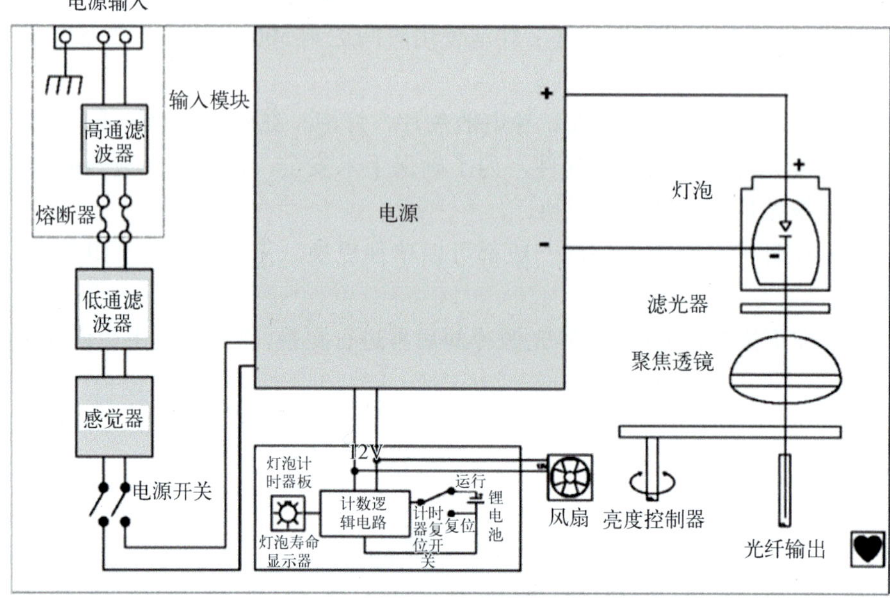


图 2-76　医用冷光源工作原理图

2. 医用冷光源的亮度一般不要调至最大，而应该在满足手术视野亮度的情况下，尽量把光源的输出亮度调低，这样可以避免因光纤过热导致损坏光纤和内窥镜等现象。2D 图像一般将光源亮度输出调至 30% 左右即可；3D 图像一般将光源亮度输出调至 50% 左右即可。

3. 医用冷光源一般都建议选用同品牌的导光束，否则在使用过程中容易出现各类故障。例如，①若导光束接口镜面的材质不过关，容易被强光灼烧、损坏（图 2-77）；②导光束与冷光源的连接不紧固，容易脱落（图 2-78）；③导光束插入光源的部分太长，会顶住光栅，造成光栅错位甚至损坏，从而导致旋钮位置与亮度输出不匹配（图 2-79）。

图 2-77　导光束接口镜面损坏

图 2-78　导光束与冷光源连接不紧固

**图 2-79　旋钮位置与亮度输出匹配问题**

A. 不匹配；B. 匹配

4. 更换氙灯灯泡时的注意事项如下。

（1）建议灯泡寿命指示灯出现闪烁报警时应立即更换灯泡。

（2）等光源完全冷却后方可进行灯泡更换，否则易发生烫伤的风险。

（3）灯泡上需涂抹均匀的导热硅脂，不涂或涂太多都会导致灯泡持续打火但点不亮（图 2-80）。

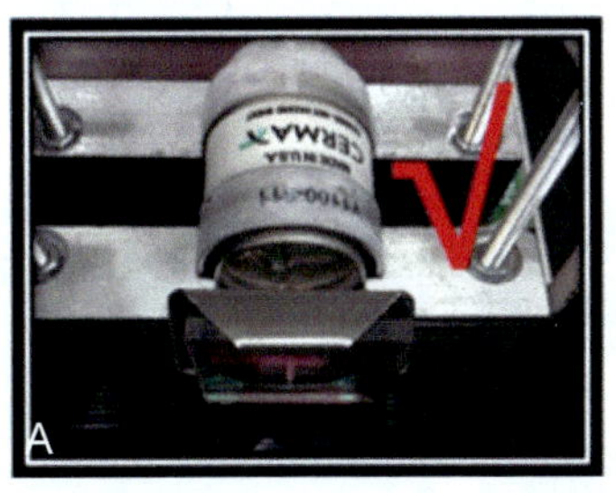

**图 2-80　在灯泡上涂抹导热硅脂**

A. 正确涂抹；B. 不正确涂抹

（4）灯泡玻璃面上不能沾有指纹、硅脂或其他异物，否则会导致玻璃面透光不均而出现破裂损坏。

（5）灯泡更换完后，需要对计时器进行清零，否则灯泡寿命指示灯依旧会报警提示。

5. 冷光源两侧的出风口处绝对不能摆放任何物件，以免影响光源散热。冷光源后部的进风口容易被棉絮和灰尘堵塞，需定期进行清洁（图 2-81）。

6. 冷光源的光并不是绝对冷光，当光线聚集时，还是会产生很高的热量，所以导光束或内窥镜前端均不能把光直接照射到患者或无菌台布等易燃物品上，否则会有灼伤和燃烧的危险。为避免事故的发生，不使用冷光源时，将光源亮度调至待机或最低亮度，长时间不使用则关机（图 2-82）。

7. 导光束在使用过程中应盘成半圆持握，任何拉拽与折叠都会导致导光束断裂损坏（图 2-83）。

图 2-81　冷光源两侧出风口

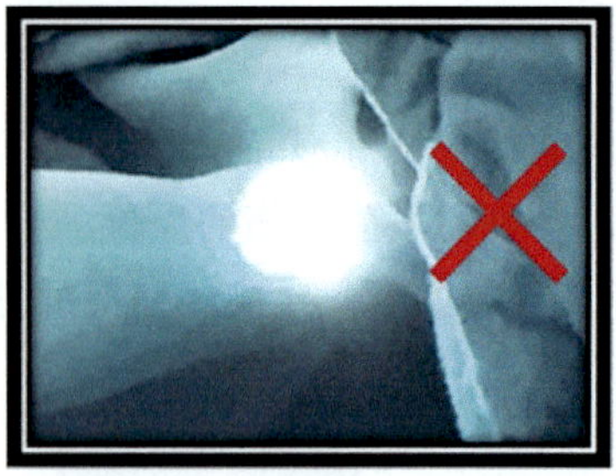
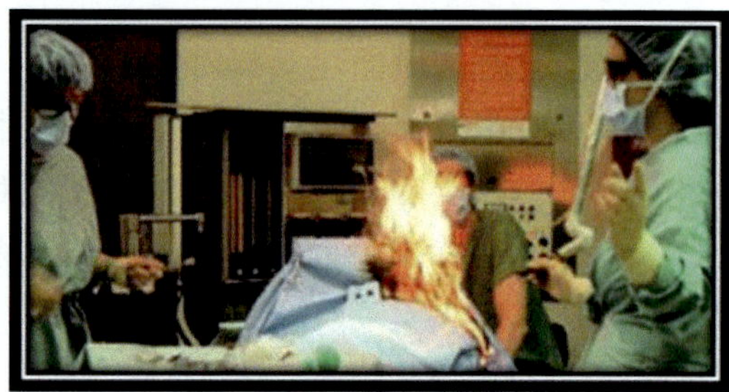

图 2-82　导光束或内窥镜前端均不能把光直接照射到患者或无菌台布等易燃物品上

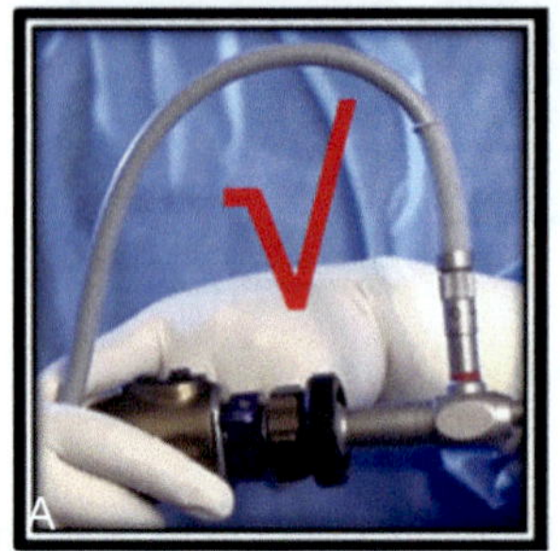
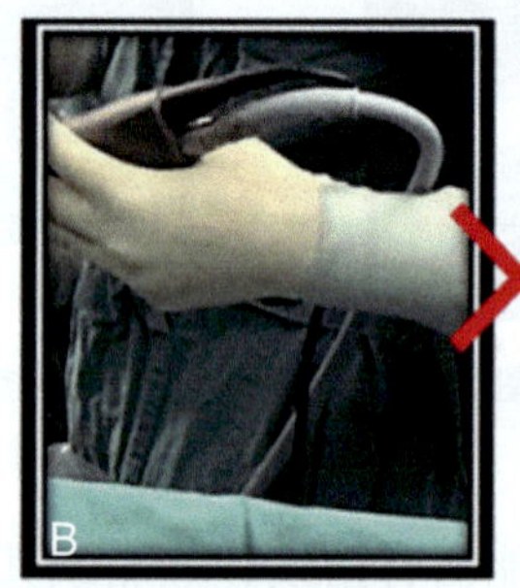
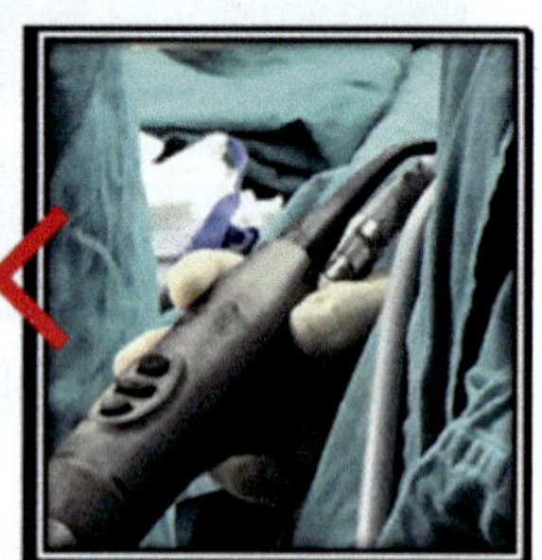

图 2-83　导光束的使用

A. 正确；B. 不正确

### （五）医用冷光源常见故障与处理建议

以现阶段最主流的氙灯冷光源为例，对医用冷光源的常见故障与处理建议进行介绍。

1. 术中灯泡突然熄灭，重启后能听到“啪啪”点火声，但灯泡不亮。

处理建议：灯泡长时间未更换，自然老化损坏，需更换灯泡。

2. 更换了新灯泡，开机后能听到“啪啪”点火声，但灯泡不亮。

处理建议：灯泡上未涂导热硅脂或导热硅脂涂的太多，重新涂抹均匀即可。

3. 更换灯泡后，灯泡寿命指示灯依旧闪烁报警。

处理建议：更换灯泡后需对计时器进行清零处理。

4. 开机灯泡不亮，听不到“啪啪”点火声，且保险丝烧毁。

处理建议：保险丝熔断，更换同规格保险，如故障依旧，则为电源板损坏，需送厂家维修。

5. 术中灯泡突然熄灭，但是冷却后又能重新点亮。

处理建议：光源散热孔有物体遮挡，因散热不畅，温度过高而激活过热保护功能。需移除遮挡物，确保光源有良好的通风散热。

6. 调光旋钮位置与亮度输出不符。

处理建议：光栅错位，需重新校准和固定光栅，另外需使用与光源相同品牌的导光束。

7. 术中图像偏暗或有明显噪点，更换内窥镜和导光束后依旧存在问题。

处理建议：灯泡使用时间太长，老化后输出亮度会变低，需要更换灯泡。

8. 术中出现异味，导光束接口镜面烧毁。

处理建议：导光束损坏，是换新的导光束或通光性更好的导光束（导光束坏点，不超过 $V_3$ 通光面积）。

9. 导光束频繁出现断裂损坏。

处理建议：此故障主要还是术中拉拽与折叠导光束引起的。导光束在台上应留有足够的长度，并且始终要保持半圆持握。

## 二、冷光源操作流程

第一步：打开冷光源电源开关（图 2-84）。开关上绿色 LED 指示灯亮起，灯泡点亮。

第二步：插入导光束（图 2-85）。握住导光束黑色硬质部分将其平直插入导光束接口。完全插入导光束以直至看不见金属部分为准 。

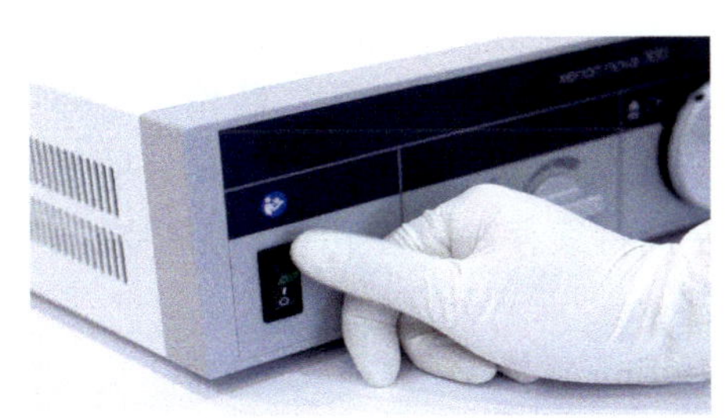

图 2-84　打开冷光源电源开关

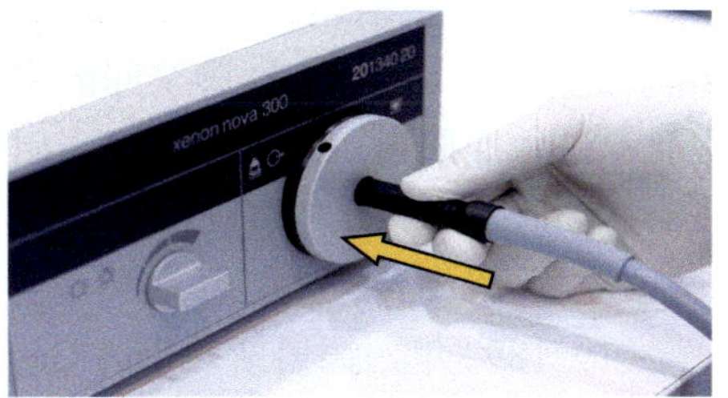


图 2-85　插入导光束

第三步：导光束与镜子相连（图 2-86）。导光束不建议使用无菌套。术后导光束推荐使用预真空高温高压灭菌。

第四步：调节亮度（图 2-87）。通过亮度调节旋钮调节亮度。建议将亮度调至 1/3 ～ 2/3 即可，不要调至最大亮度。

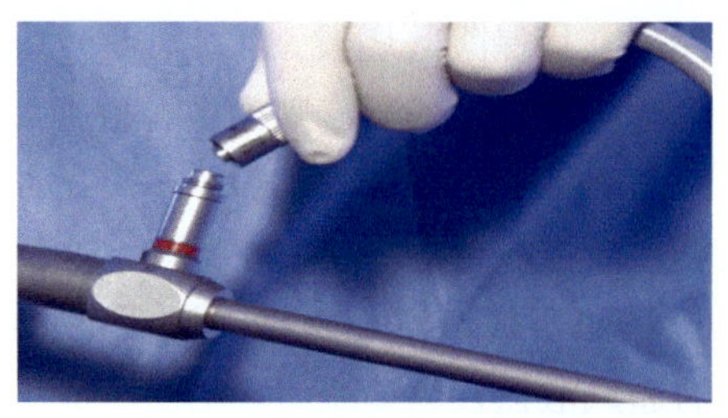

图 2-86　导光束与镜子相连

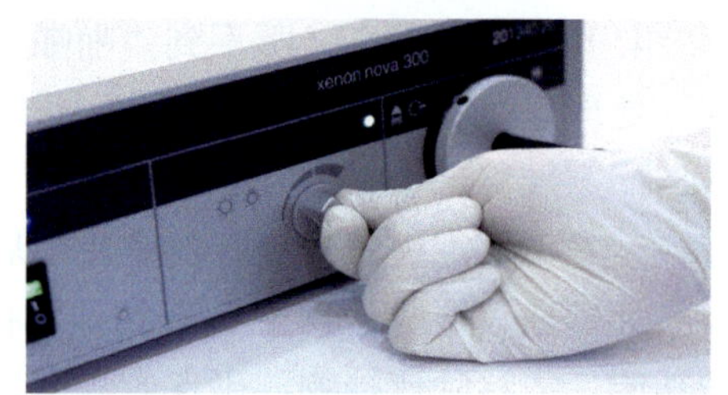


图 2-87　调节亮度

第五步：术后拔除导光束（图 2-88）。握住导光束上黑色硬质部分，用力向外平直拔出。

第六步：关闭冷光源（图 2-89）。将冷光源亮度调至最低，然后关闭电源开关。

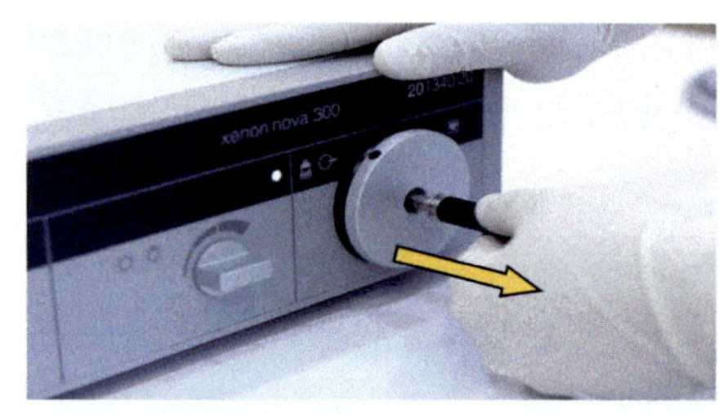


图 2-88　术后拔除导光束

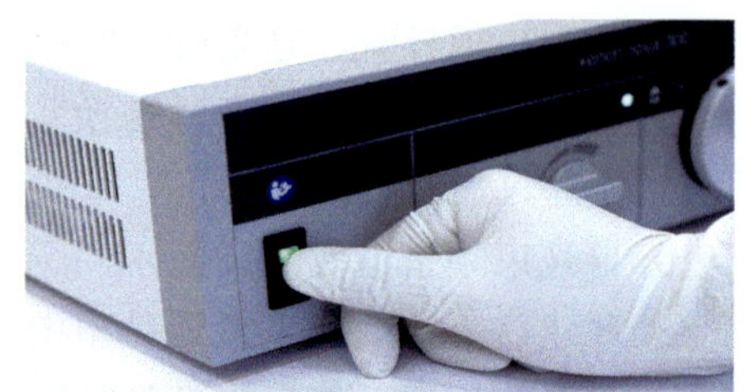

图 2-89　关闭冷光源

## 第三节　气腹系统

### 一、气腹机主机

#### （一）气腹机描述

气腹机是一种建立气腹空间的设备，主要用于腹腔镜手术，将惰性气体二氧化碳注入腹腔内，使腹壁膨起，创造出一定的手术空间，以形成良好的手术视野，同时监测和维持腹腔内的压力，使空间持续存在，直至手术顺利完成。

1. 气腹机发展历史简要

（1）1892 年，德累斯顿市的 George Kelling 首次采用口腔空气灌注法研究胃的解剖生理学。

（2）1901 年，George Kelling 首次把 Politser 的空气泵作为注气装置应用于腹腔镜手术。

（3）1938 年，匈牙利人 Janos Veress 发明了一种特殊的弹性插管，它特有的弹性机械装置使其在穿过前腹壁时，能避免损伤内脏器官，进一步推进腹腔内注气手术的发展。经过小小的改进，如今我们在做腹腔镜建立人工气腹时仍使用 Veress 气腹针。

（4）1959 年左右，Frangenheim 利用改良的麻醉设备，将气体压力控制到 15mmHg，并且把二氧化碳气体流速限制在 5L/min，至此，真正意义上的气腹机诞生，但是仍然存在压力可调范围小、注气速度慢的问题，仅适用于诊断性腹腔镜检查。

（5）1976 年，Semm 发明了自动监测的电子的二氧化碳气腹装置。其具备操作简便、压力连续可调、注气速度快的特点，为后续腹腔镜手术发展打下坚实基础。现有各类型气腹机均基于 Semm 气腹机改进优化而来。

2. 气腹机注气介质选择发展

（1）1901 年，德国外科医师 Kelling 在德累斯顿首次用过滤的空气在犬身上制造气腹并插入腹腔镜进行腹腔内检查。

（2）1933 年，外科医师 Fervers 首次报道腹腔镜下肠粘连松解术。当时他以氧气制造气腹，用电刀松解粘连，由于氧的助燃性，当他接通电流时，腹腔内立刻发生了爆炸。因此，他是第一个建议将做气腹的气体由空气或氧气改为二氧化碳的人。

（3）氧化亚氮同样可以助燃，不能用于使用激光或高频能量设备的手术。空气和氦气在血液中的溶解度很低，一旦进入血液就会导致气体栓塞，严重情况下可危及生命。氩气充当注气介质时，在猪身上进行动物实验时出现全身血管阻力增加，以及心排血量和心排血指数明显下降的现象。

一些学者先后尝试使用空气、氧气、氧化亚氮、氦气、氩气、二氧化碳等各种气体作为注气介质。经过多年的摸索，最终将二氧化碳作为气腹注气介质，并沿用至今。

## （二）气腹机分类

1. 按照最大通气流速不同，可分为 20L 气腹机、30L 气腹机、40L 气腹机等。

我们通常所说的多少升气腹机，指的是该气腹机的最大通气流速值。例如，最大通气流速为 30L/min 的气腹机就称为 30L 气腹机（图 2-90）。

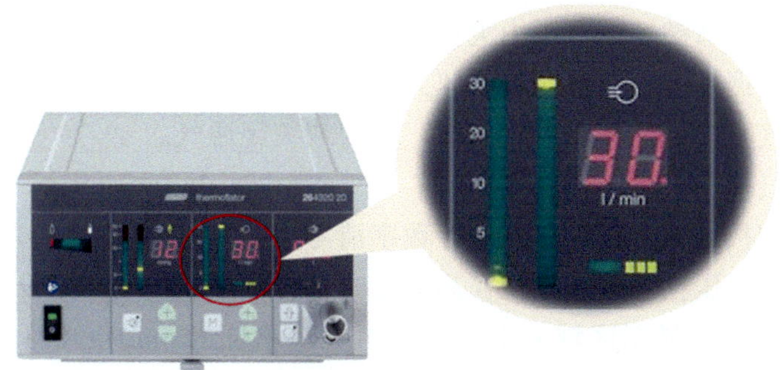


图 2-90　30L 气腹机

2. 按照控制方式不同，可分为按键控制气腹机和触摸屏控制气腹机（图 2-91）。

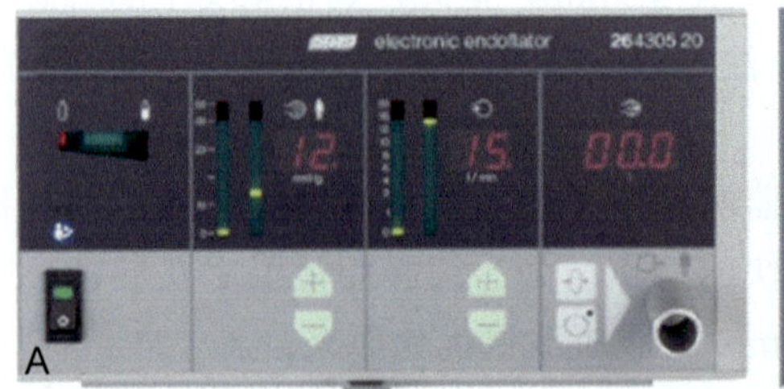

图 2-91　按键控制气腹机及触摸屏控制气腹机

A. 按键控制气腹机；B. 触摸屏控制气腹机

## （三）气腹机结构组成

1. 20L 气腹机　如图 2-92。

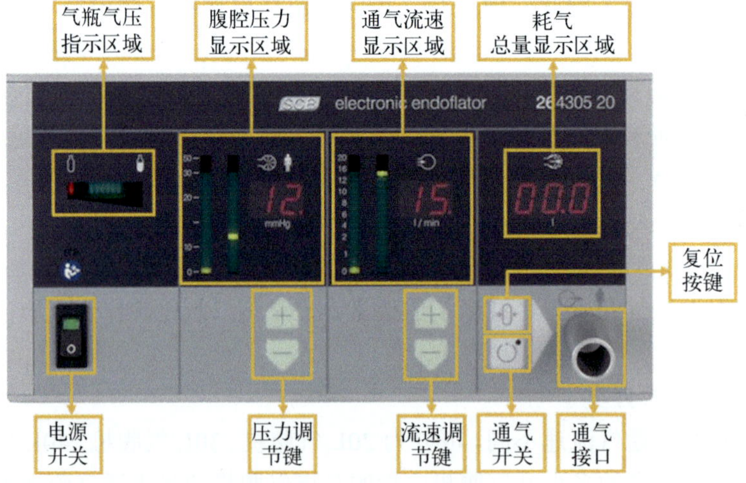


图 2-92　20L 气腹机结构

（1）电源开关：气腹机开机与关机。

（2）压力调节键：调节压力大小。

（3）流速调节键：调节通气流速大小。

（4）通气开关：在开机的状态下，开启或关闭通气。

（5）通气接口：气腹管连接口。

（6）复位按键：对耗气总量进行数字清零。

（7）气瓶气压指示区域：仅在高压模式下指示钢瓶内气体余量。

（8）腹腔压力显示区域：由三部分组成，单位为 mmHg（图 2-93）。①实际压力显示：动态实时反馈患者体内的实际压力；②预设压力显示：腹压大小设定值显示，当腹腔内的实际压力达到设定的压力值时，气腹机就会停止供气；③压力数字显示：未启动通气时，数字显示的是设定的压力值；启动通气后，数字显示的是实时压力值。

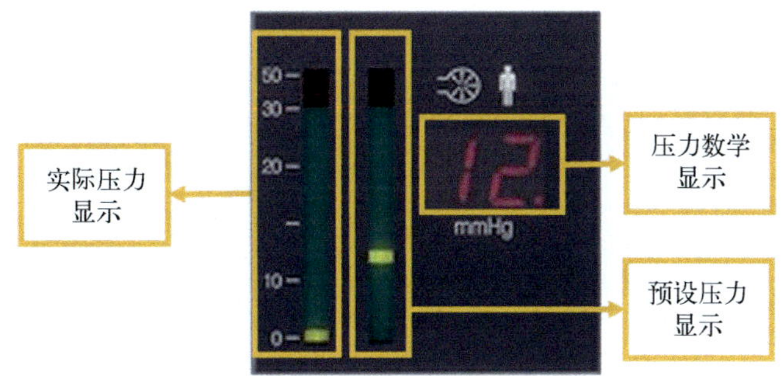


图 2-93 腹腔压力显示区域

（9）通气流速显示区域：由三部分组成，单位为 L/min（图 2-94）。①实际流速显示：通气速度实时显示；②预设流速显示：通气速度大小设定值显示；③流速数字显示：未启动通气时，数字显示的是设定的流速值；启动通气后，数字显示的是实时流速值。

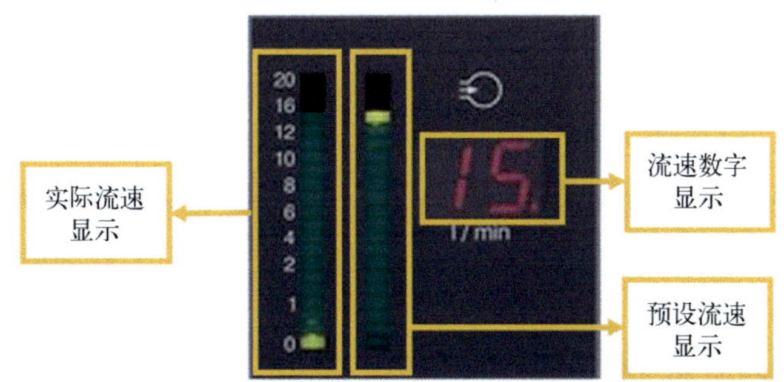


图 2-94 通气流速显示区域

（10）耗气总量显示区域：气腹机使用过程中总通气量数字显示，关机后数字会清零。

2. 30L 气腹机　如图 2-95。

30L 气腹机与 20L 气腹机类似，都属于按键控制气腹机，大部分按键功能也相同，两者主要的区别在于最大通气流速不同，另外 30L 气腹机还多了初始供气模式、通气方式选择和气体加热三大功能。

（1）初始供气模式：又称为气腹针模式，选择该模式时，压力会变成 15mmHg，流速会变成 1L/min，该参数主要适用于气腹针通气，高压力、小流速，能有效避免因气腹针未完全穿透腹壁时可能出现的皮下气肿等意外风险。当穿刺器都穿刺好后，需取消初始供气模式，恢复常规供气参数供气。

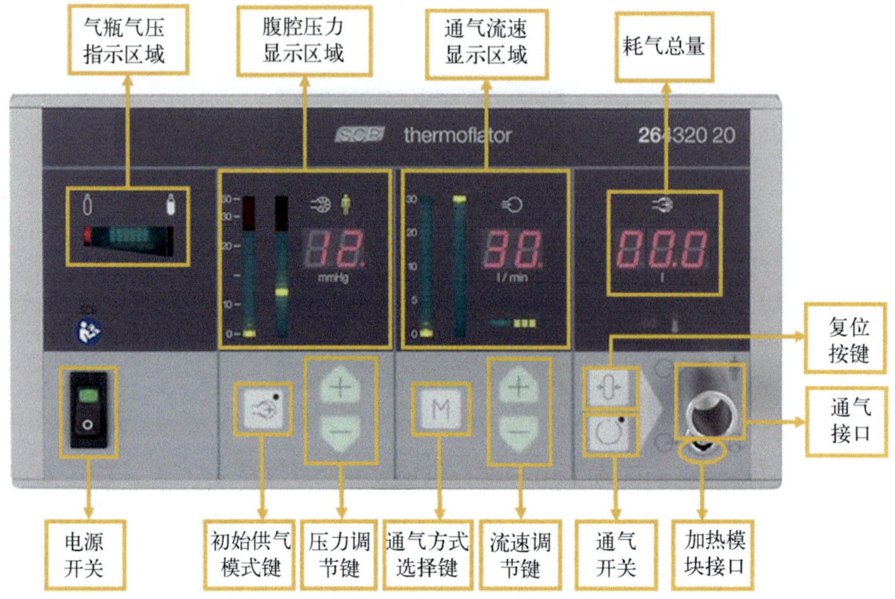


图 2-95　30L 气腹机结构

（2）通气方式选择：主要有间歇式通气方式与半连续式通气方式两种。

1）间歇式通气方式：用 3 个 LED 灯指示，以间断的方式进行通气，通 2 秒停 1 秒，一般腹腔镜手术都需要选择此模式。

2）半连续式通气方式：用 1 个 LED 灯指示，以不间断的方式进行通气，但流速会间歇性变小，但不会降为零。此模式主要适用于肛肠镜等有持续漏气的手术。

（3）气体加热：对通过加热模块（图 2-96）的二氧化碳气体进行加热，使气体温度达到约 37℃（接近人体体温），有助于麻醉患者维持正常体温。

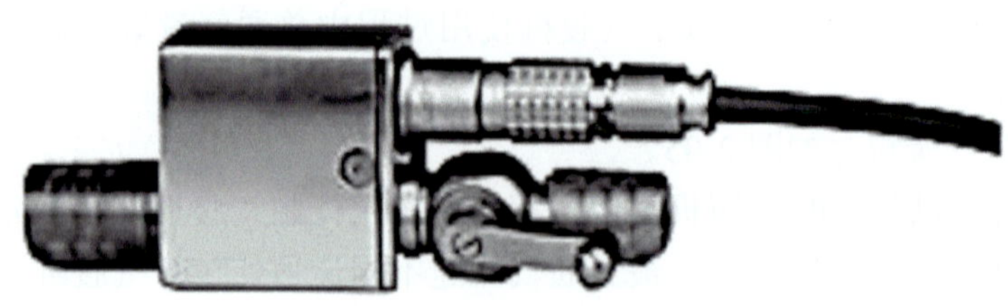

图 2-96　加热模式

### 3. 40L 气腹机　如图 2-97。

40L 气腹机属于触摸屏控制气腹机，所有的功能调节与设置都在触摸屏上完成，各功能按键都是图形化显示，功能显示更直观，操作也更简单。

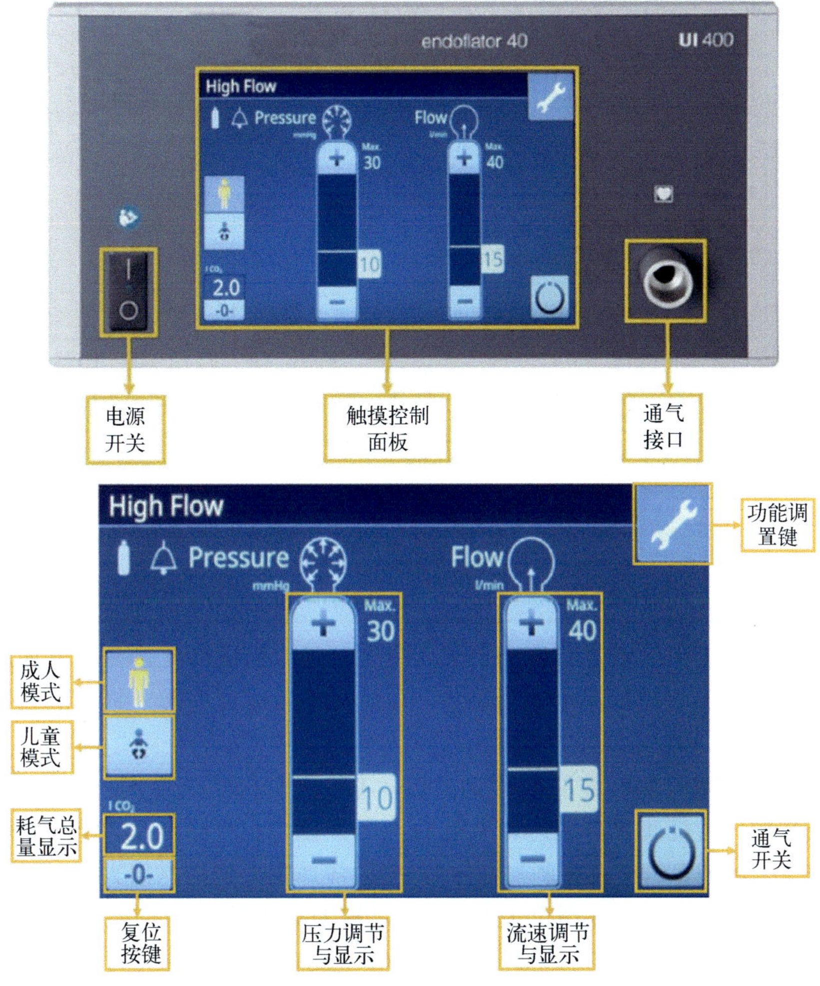


图 2-97　40L 气腹机结构

4. 气腹机工作原理　如图 2-98。

## （四）气腹机使用注意事项

### 1. 气腹机预设压力要求

（1）成人腹压预设：仰卧位的静脉压约为 50mmHg。因此，成人腹内压预设应始终保持在 12 ～ 15mmHg，最大不能超过 15mmHg，这样才能保障充分的末梢循环灌流。但是，如果气腹压力过高，可引起回心血量减少，且二氧化碳气体吸收明显增加，同时压迫膈肌，使通气受限，导致呼吸性酸中毒。

（2）儿童腹压预设：小儿腹内压不建议超过 10mmHg，以确保气腹足够充盈时取最低值。

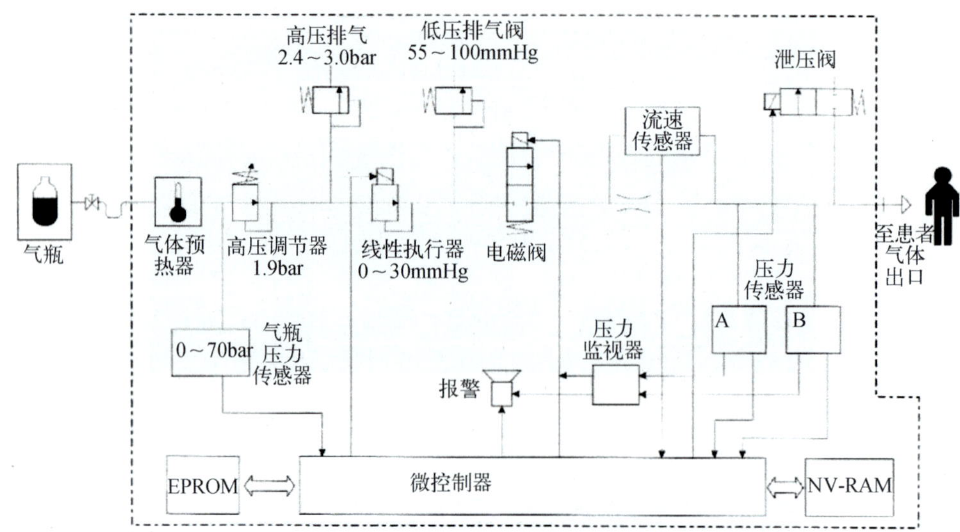


图 2-98　气腹机工作原理图

2. 气腹机预设流速要求

（1）流速大小一般没有明确要求，主要视手术情况而定，如频繁使用吸引器或漏气较多，则需把流速适当调高，以确保能及时补充腹内损失的二氧化碳气体。

（2）在使用气腹针建立气腹的阶段，30L 气腹机建议使用初始供气模式，其他类型的气腹机建议将流速调小至 1L/min，以防止气腹针没完全穿透腹壁而出现皮下气肿的意外。在穿刺器都穿刺好后，流速需要调回常用大小，根据经验，在不漏气的情况下，流速调至 15L/min，足够手术使用。

3. 气腹机高低压模式选择　手术室内一般有 2 种气源供气方式，一种是钢瓶供气，属于高压气源；另一种是中央供气，属于低压气源。而气腹机一般也有高压模式和低压模式 2 种模式高压模式匹配钢瓶供气，压力范围一般在 7 ～ 70bar，低压模式匹配中央供气，压力范围一般在 3.3 ～ 7bar。

还有一种情况，虽然是使用钢瓶供气，但是在钢瓶出气口处加了一个减压阀，将出气压减至 7bar 以下，此时气腹机也应该选择低压模式。

4. 二氧化碳气源要求　气腹机对二氧化碳气源的纯度要求很高，一般要求用医用等级的二氧化碳，纯度为 99.99%。如果气源不纯，气体内包含的杂质及油污会进入气腹机内，造成传感器、高低压阀等部件损坏。气体内包含的杂质甚至会危及患者的安全。

另外，建议在气源与气腹机之间加装过滤器（图 2-99），尽可能减少气源中的杂质及油污对气腹机的损伤。

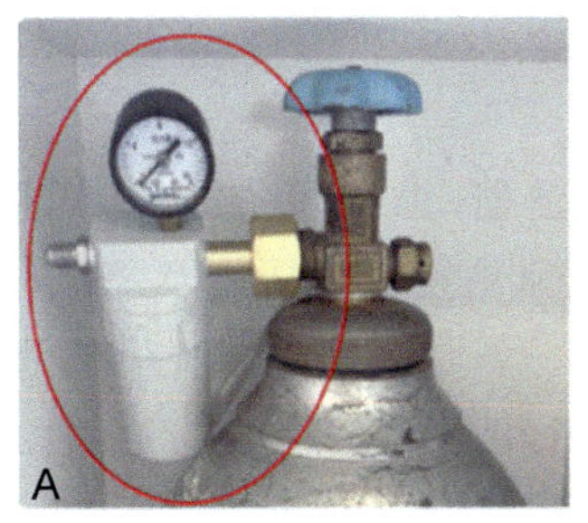
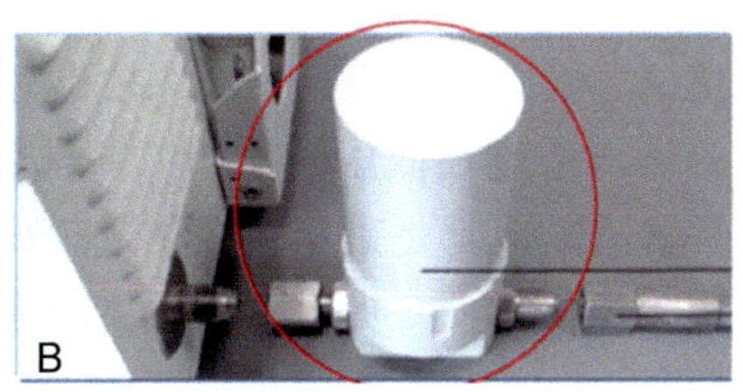

图 2-99　不同手术室供气方式的过滤器

A. 适用于钢瓶供气的过滤器；B. 适用于中央供气的过滤器

5. 无菌过滤器的使用　在气腹机通气接口处，建议使用无菌过滤器，原因如下。①对进入人体的二氧化碳气体再次进行过滤，减少气体中的杂质进入患者体内；②防止气腹机在过压保护时，患者腹腔内的液体回流进气腹机内，造成气腹机内部管路污染或元器件损坏（图 2-100）。

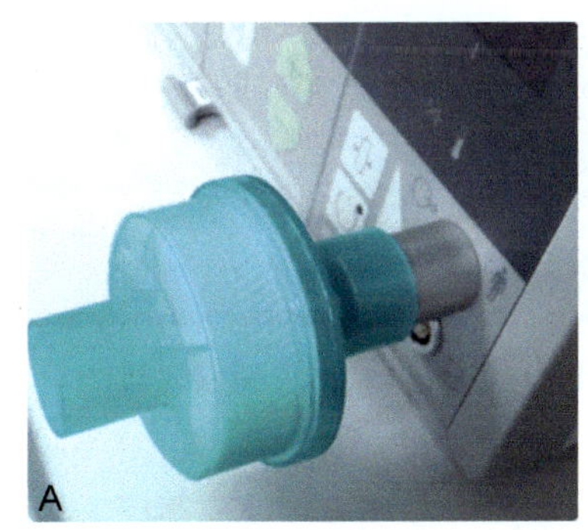
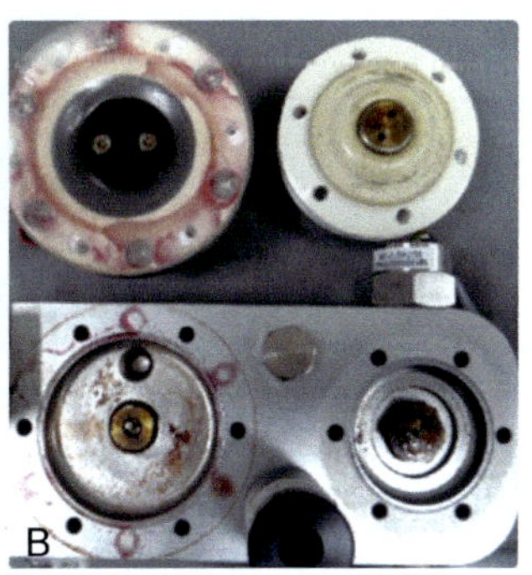

图 2-100　无菌过滤器及未使用的结果

A. 无菌过滤器；B. 血水回流，污染、损坏气腹机

6. 气腹机的关机要求

（1）在使用钢瓶供气方式时，手术结束后应先关二氧化碳钢瓶，然后放完气腹机中的余气，最后再关气腹机。

（2）在使用中央供气方式时，手术结束后建议将高压管从墙插上拔除。

7. 气腹管的灭菌要求　可重复使用的气腹管是硅胶材质，一般推荐使用预真空高温高压的方式来灭菌，切勿使用低温等离子方式灭菌，易出现气腹管氧化粘连而导致损坏（图 2-101）。

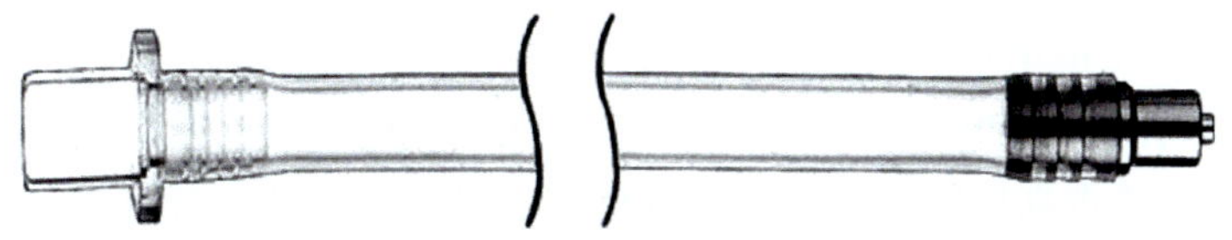

图 2-101　气腹管预真空高温高压灭菌

### （五）气腹机常见故障与处理建议

#### 1. 通气后气腹机内发出“噗噗”异响声

处理建议：①因为气源不纯或未安装过滤器，气体中的杂质或油污进入气腹机内部管路，造成高低压阀损坏，需送厂家更换高低压阀及清洁内部管路；②新建的手术室一般都是采用中央供气模式，但是新建的中央供气管路内通常存有大量灰尘，如果没有提前对供气管路进行清洁处理就直接连气腹机进行供气，就会把灰尘全部吹至气腹机内。所以新供气管路在正式启用前，必须进行清洁处理，可以用压缩空气进行吹气清洁。

#### 2. 开机后面板显示“FL Err”或“Pr Err”的错误代码

处理建议：①“FL Err”表示流速传感器故障，“Pr Err”表示压力传感器故障，需送厂家更换对应的传感器（图 2-102）；②一般传感器损坏也都是由于杂质和油污引起。

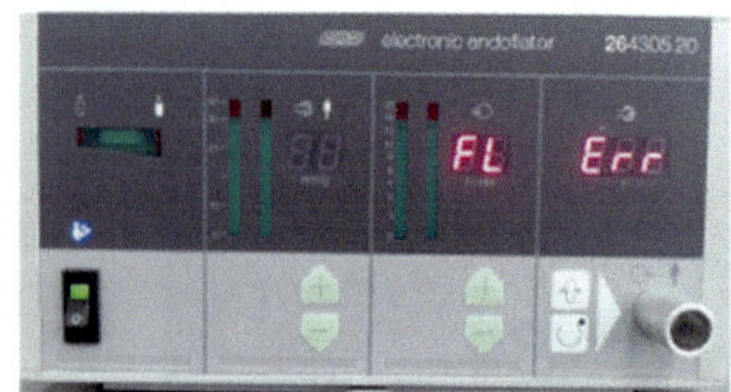

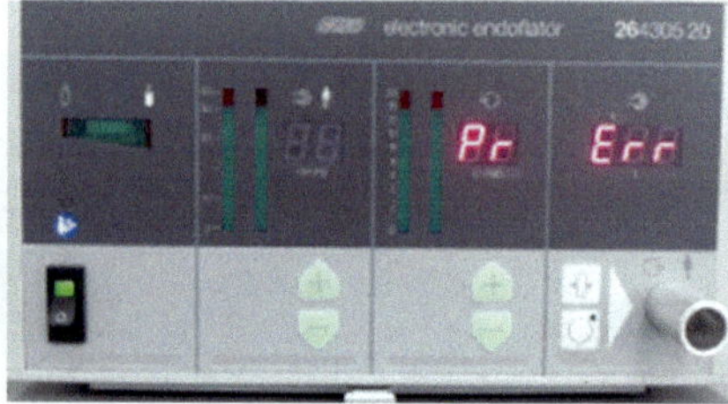


图 2-102　面板显示“FL Err”及“Pr Err”错误代码

#### 3. 开机后面板出现乱码报警

处理建议：所谓乱码报警（图 2-103），即面板上的 LED 指示灯出现无规则显示；乱码报警一般是控制板或显示板故障，需送厂家维修处理。

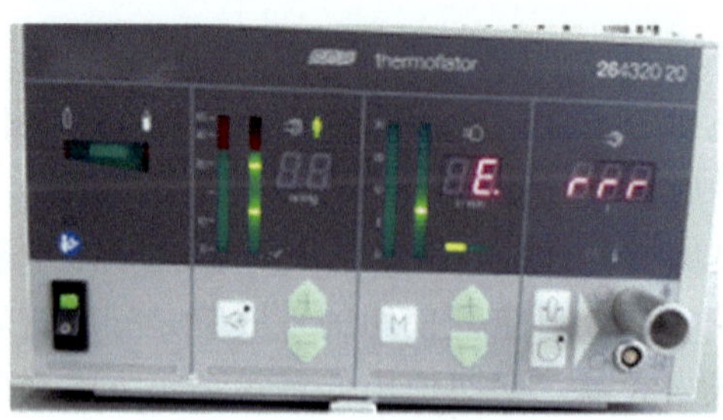


图 2-103　乱码报警

#### 4. 气瓶气压指示灯左侧红灯一直亮，并伴有持续报警声

处理建议：①检查气腹机是否连接二氧化碳钢瓶；②检查二氧化碳钢瓶阀门是否打开；③检查高压管路是否弯折或堵塞；④检查二氧化碳钢瓶余气是否充足（图 2-104）。

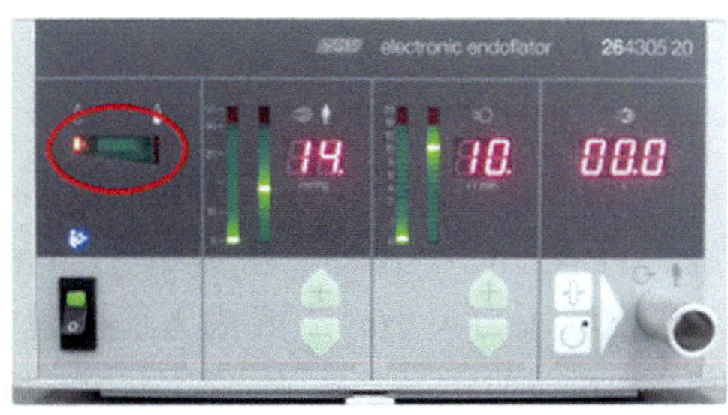


图 2-104　气瓶气压指示灯左侧红灯一直亮，并伴持续报警声

### 5. 气腹建立缓慢或气腹易塌陷

处理建议：①检查气腹机压力与流量参数设置是否正确，如果参数设置太低，建立气腹空间的时间就会很长，而且一旦有漏气，就很难再补充上；②检查气腹管是不是被压迫或折叠，阻塞了气体正常通过；③检查穿刺器封帽是否老化或破损，而出现漏气；④检查手术切口是否过大，导致穿刺器与腹壁间有缝隙而漏气；⑤检查患者是否肌肉紧绷，若紧绷需适当增加肌松剂剂量；⑥上述检查都无问题，则可能是气腹机本身硬件故障引起，需送厂家维修处理。

### 6. 30L 气腹机工作正常，腹腔能正常膨起，但是有持续的报警声

处理建议：检查是否将通气模式选到了半连续式通气方式，按“通气方式选择键”将通气方式改成间歇式通气方式即可（图 2-105）。

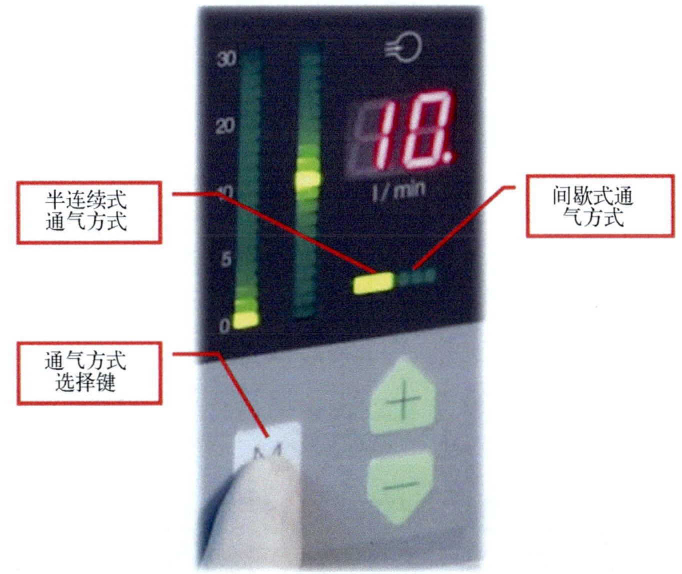


图 2-105　通气方式由半连续式通气方式改为间歇式通气方式

## 二、气腹机操作流程

第一步：打开气腹机电源开关（图 2-106）。开关上绿色 LED 指示灯亮起，气腹机自检启动 。

第二步：腹腔压力设置（图 2-107）。压力单位为 mmHg。按压力显示区域“+”“－”键调节腹腔压力大小。一般成人腹腔镜手术压力调至 12 ～ 15mmHg，儿童调至 8 ～ 10mmHg。

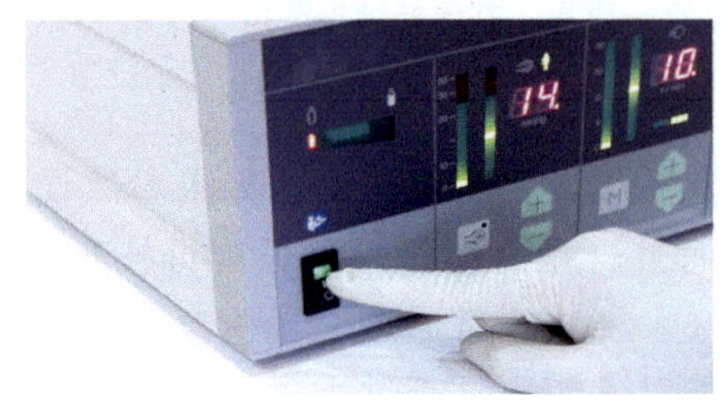

图 2-106　打开气腹机电源开关

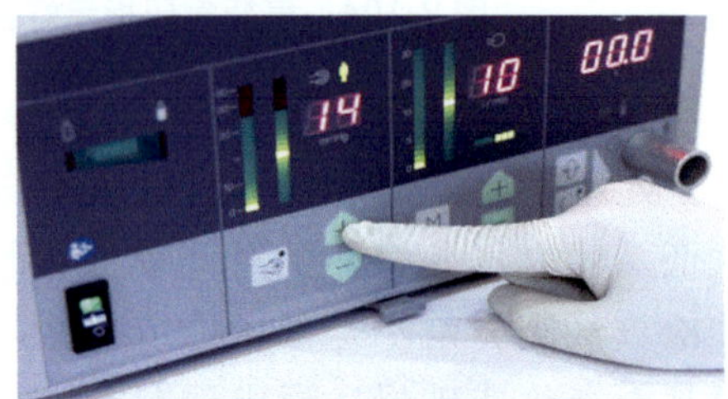

图 2-107　腹腔压力设置

第三步：通气流速设置（图 2-108）。流速单位为 L/min。按流速显示区域“+”“－”键调节通气流速大小。建议将流速调至 15L/min 即可。压力和流速具备记忆功能，重启后保持之前设置。

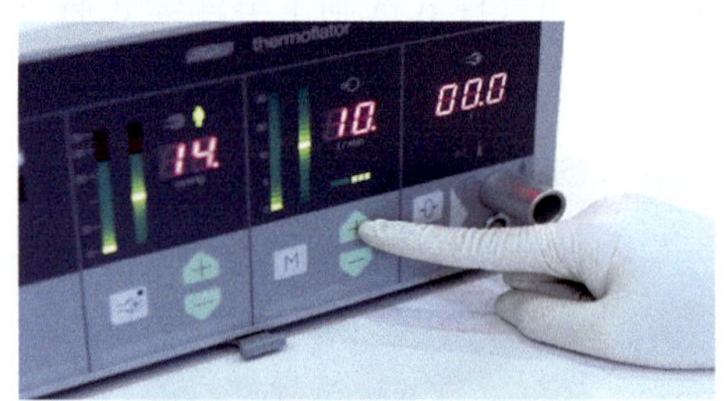

图 2-108　通气流速设置

第四步：连接加热模块（图 2-109）。插入时注意红点对红点。加热模块能将气体加热至 37℃。加热模块推荐预真空高温高压灭菌。无加热功能的气腹机忽略此步骤。

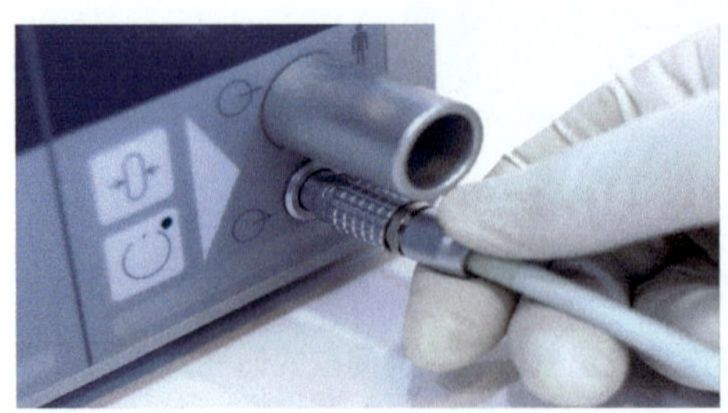

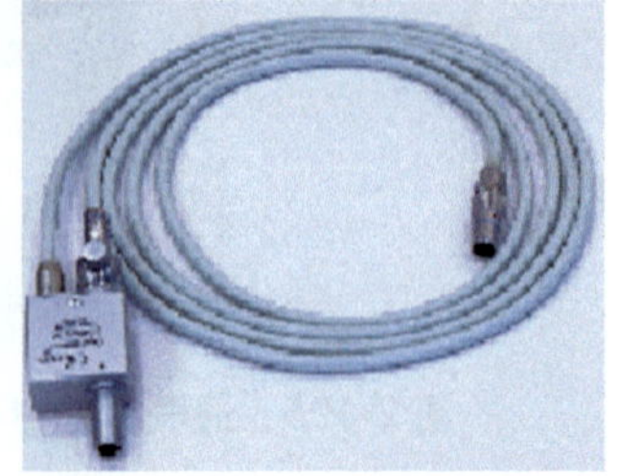

图 2-109　连接加热模块

第五步：连接气腹管（图 2-110）。将无菌过滤器与气腹管连接至气腹机通气接口。如有加热模块，则加热模块需与气腹管相连，其中较短的一段气腹管连接气腹机或穿刺针（图 2-111）。

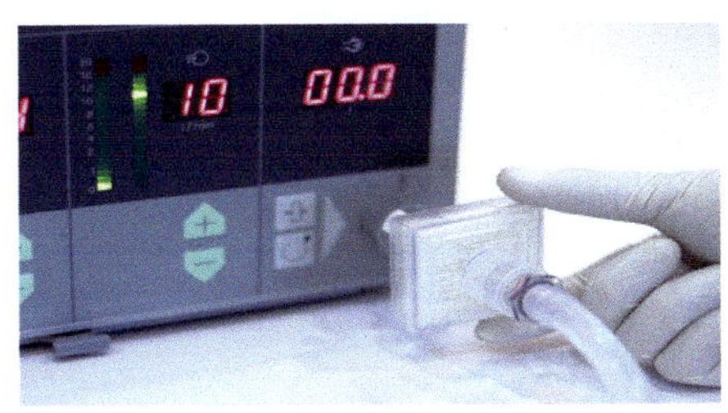

图 2-110　连接气腹管

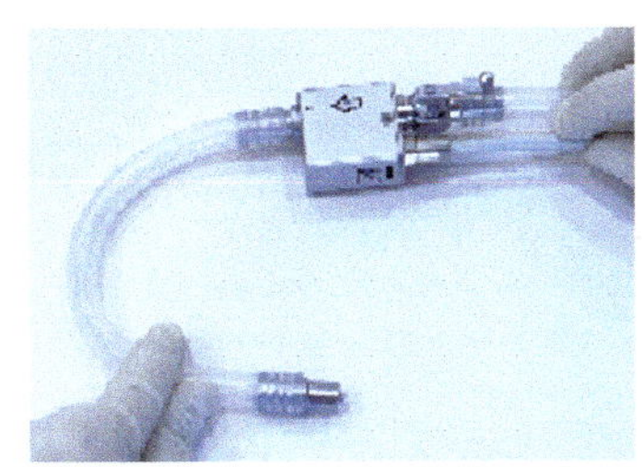

图 2-111　较短的一段气腹管连接气腹机或穿刺针

第六步：充气启动（图 2-112）。按下通气开关按钮，按钮上指示灯亮起，开始充气。如果该按钮上的指示灯闪烁显示，则需按两下才能开始充气。

第七步：充气停止（图 2-113）。术后再次按下通气开关，按钮上的指示灯熄灭，充气停止。

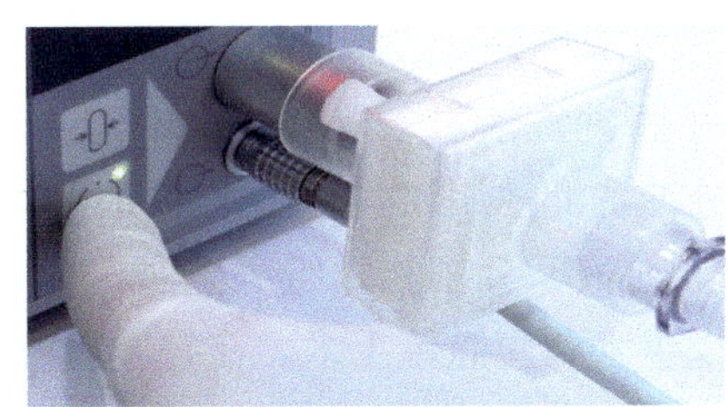

图 2-112　充气启动

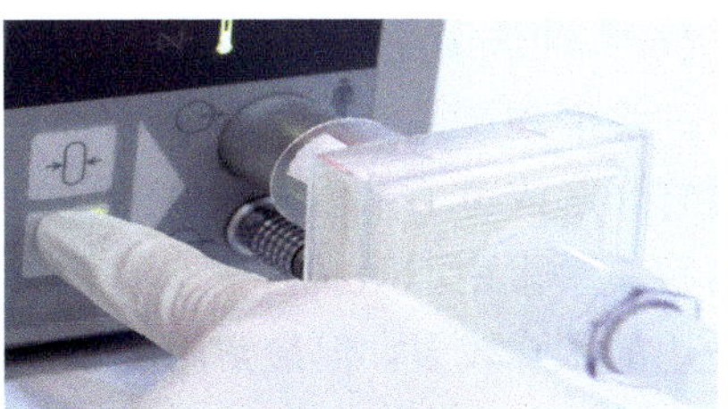

图 2-113　充气停止

第八步：拔除气腹管（图 2-114）。向外拔除过滤器和气腹管。向外拔除加热模块（如果有）。无菌过滤器为一次性用品，切勿重复使用。可重复使用的气腹管推荐使用预真空高温高压灭菌。

第九步：放余气（图 2-115）。先关闭二氧化碳钢瓶阀门，再次启动通气，直至放完高压管及气腹机内部的余气，最后再按下通气开关停止充气。如使用中央供气方式，则可忽略此步骤。

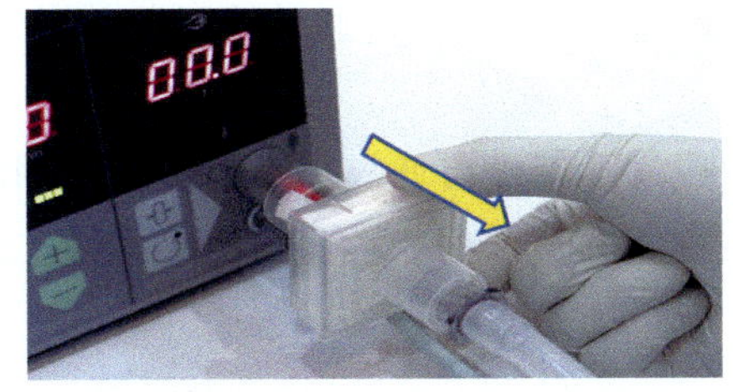

图 2-114　拔除气腹管

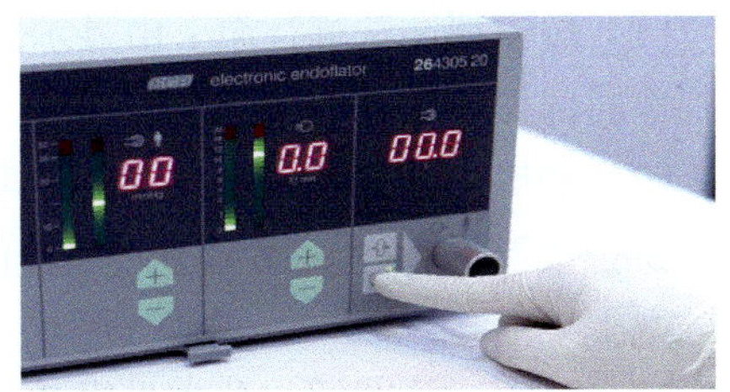


图 2-115　放余气

第十步：关闭气腹机（图 2-116）。按下电源开关，指示灯熄灭，气腹机关机。

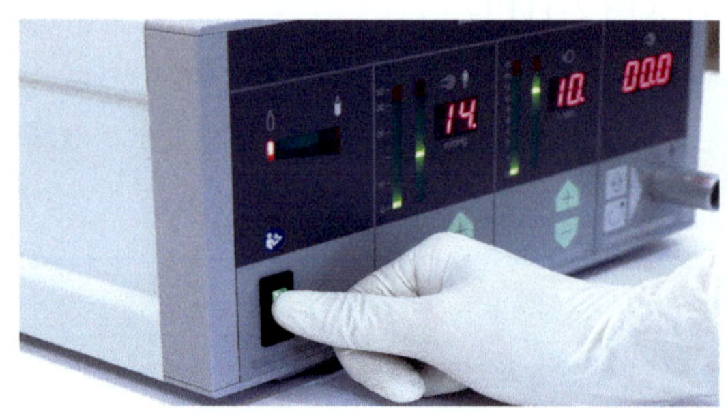

图 2-116 关闭气腹机

## 第四节 冲洗灌注系统

### 一、冲洗灌注泵主机

#### （一）冲洗灌注泵描述

冲洗灌注泵是一种液体驱动设备，用于将冲洗液引入器官或手术部位，起到器官膨起或对手术创面清洗的目的。部分冲洗灌注泵还具备负压吸引的功能，在内窥镜手术中能吸掉注入体内的冲洗液、血液、分泌物及组织碎屑。此类设备适用的术式较多，但最常用的还是宫腔镜手术和腹腔镜手术。在宫腔检查镜、宫腔电切镜手术中用于膨宫，在腹腔镜手术中用于创面清洗。

#### （二）冲洗灌注泵分类

1. 根据冲洗和吸引功能的同步与否，可分为分离型和同步型冲洗灌注泵。

（1）分离型冲洗灌注泵：只含有 1 套工作泵，只能单独进行冲洗或吸引操作，不同操作需要连接不同的管组。

（2）同步型冲洗灌注泵：含有 2 套工作泵，可同时进行冲洗和吸引操作，不同操作需要连接不同的管组。

2. 根据冲洗灌注泵的操控方式不同，可分为按键型和触屏型。

（1）按键型冲洗灌注泵：由显示面板上的多个物理按键通过按压发送指令，控制不同部件的运行。

（2）触屏型冲洗灌注泵：含有 1 块触摸显示屏，可通过点击显示屏上相应的触摸按键发送指令，控制不同部件的运行。此特征使显示面板更加简洁，控制区域更集中。

3. 冲洗灌注泵图解与分类见表 2-4。

表 2-4　冲洗灌注泵图解与分类

| 图 | 分类 |
| --- | --- |
|   | 分离 / 按键型 |
| 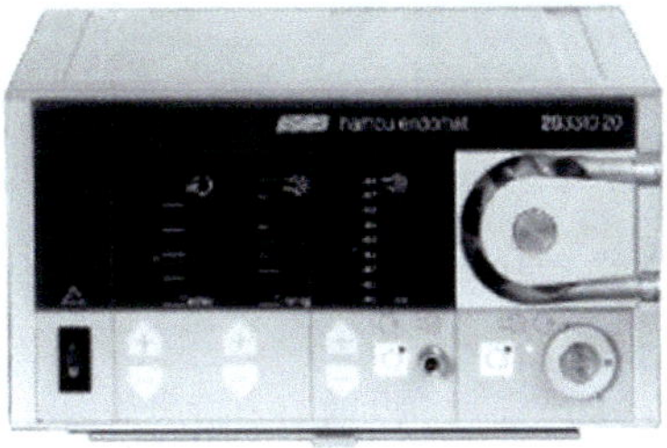  | 同步 / 按键型 |
| 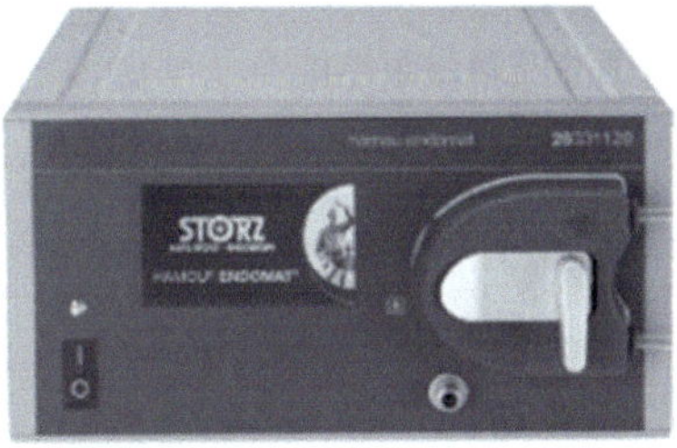  | 同步 / 触屏型 |
| 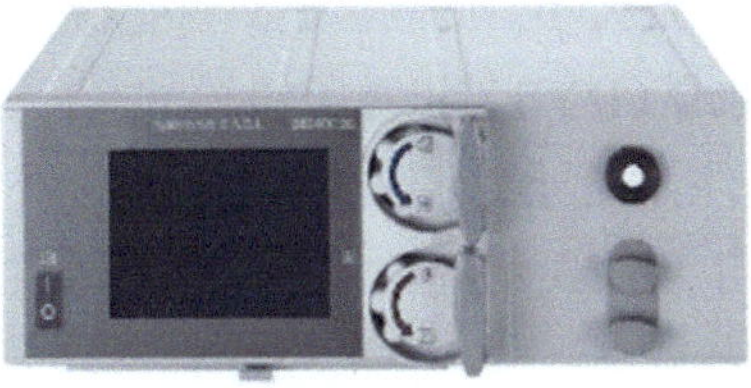  | 同步 / 触屏型 |

随着科技的不断发展，以及临床医师对冲洗灌注泵操控便捷度和功能性的不断提高，分离 / 按键型冲洗灌注泵正逐渐被同步 / 触屏型冲洗灌注泵替代，现阶段最常用的是同步 / 按键型。

### （三）冲洗灌注泵结构组成

以同步 / 按键型和同步 / 触摸型为例，对冲洗灌注泵的结构组成及工作原理进行介绍。

1. 同步 / 按键型冲洗灌注泵　如图 2-117。

（1）电源开关：冲洗灌注泵开机与关机。

（2）流速调节按键：冲洗灌注速度大小调节。

（3）压力调节按键：冲洗灌注压力大小调节。

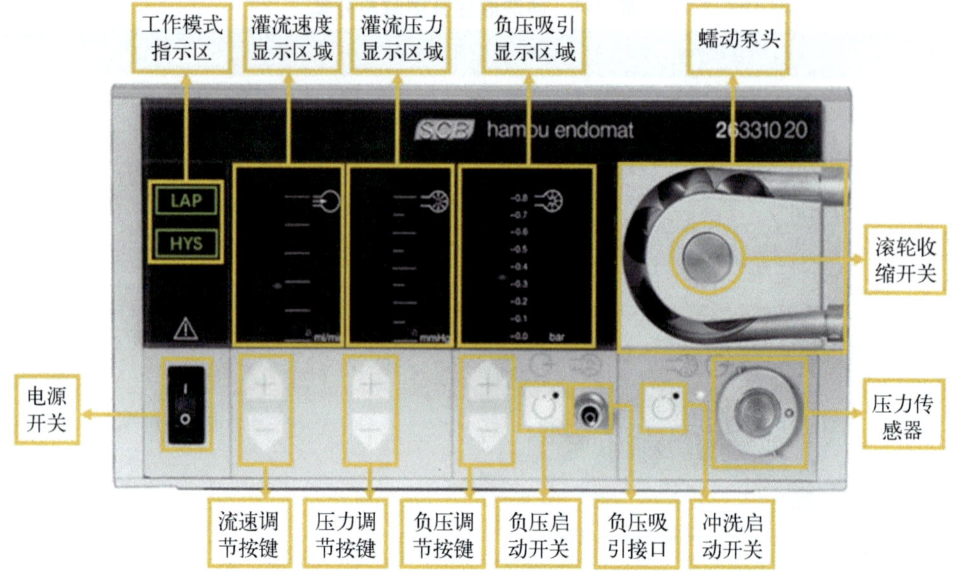


图 2-117　同步 / 按键型冲洗灌注泵结构

（4）负压调节按键：负压吸引力大小调节。

（5）负压启动开关：启动或关闭负压吸引功能。

（6）负压吸引接口：与负压吸引管相连接，提供负压吸引力。

（7）冲洗启动开关：启动或关闭冲洗灌注功能。

（8）压力传感器：实时感应器官内压力大小。

（9）工作模式指示区：分为宫腔镜模式（HYS）和腹腔镜模式（LAP）两种。①宫腔镜模式：指示灯亮，表示冲洗灌注泵处于宫腔镜模式，可用于宫腔检查镜或电切镜手术；②腹腔镜模式：指示灯亮，表示冲洗灌注泵处于腹腔镜模式，可用于腹腔镜手术组织创面清洗。

（10）灌流速度显示区域：由两部分组成，单位为 ml/min（图 2-118）。①实际流速显示：冲洗灌注速度实时显示；②预设流速显示：冲洗灌注速度设定值显示。

（11）灌流压力显示区域：由两部分组成，单位为 mmHg（图 2-119）。①实际压力显示：动态实时反馈器官内的实际压力；②预设压力显示：器官内压力设定值显示，当实际压力达到设定的压力值时，冲洗灌注泵就会停止工作。

（12）负压吸引显示区域：由两部分组成，单位为 bar（图 2-120）。①实际负压显示：负压吸引力实时显示；②预设负压显示：负压吸引力设置值显示。

（13）蠕动泵头：滚轮驱动设计，通过挤压泵管的方式将冲洗灌注液输出。

（14）滚轮收缩开关：主要作用是将泵头滚轮收起，方便取下安装在泵头处的泵管。

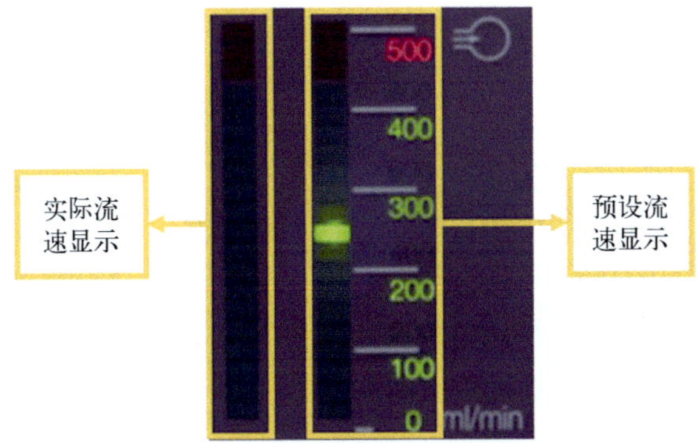


图 2-118　**灌流速度显示区域**

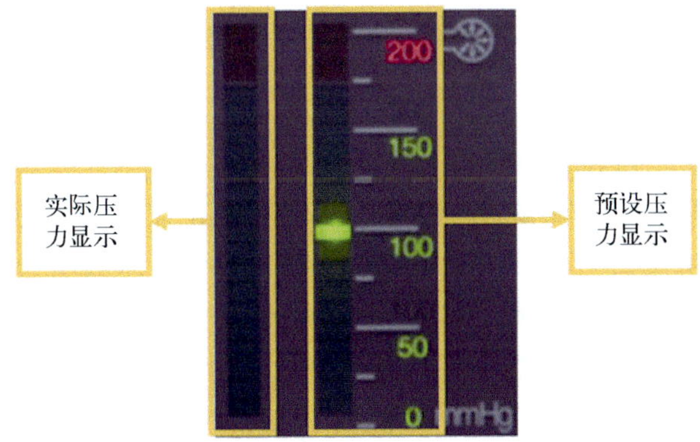


图 2-119　**灌流压力显示区域**

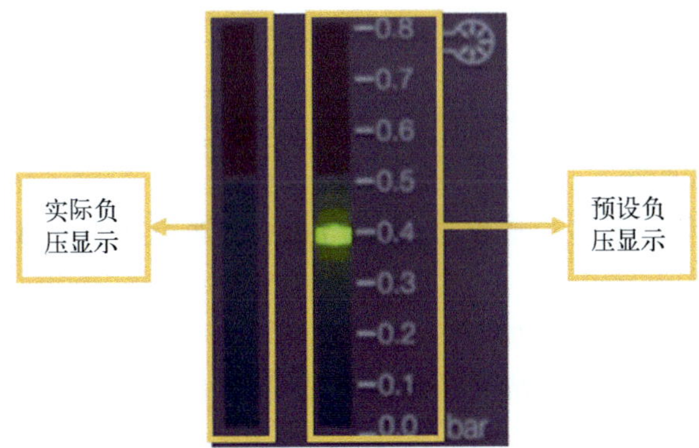


图 2-120　**负压吸引显示区域**

注：现在手术室基本都有自己的中央负压吸引系统，所以冲洗灌注泵自带的吸引功能一般不被使用。

2. 同步/触屏型冲洗灌注泵　如图 2-121。

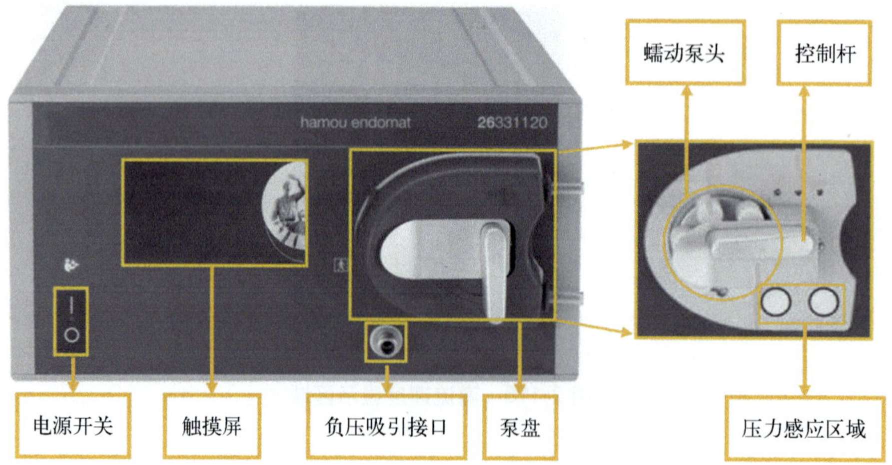


图 2-121　同步 / 触屏型冲洗灌注泵结构

（1）面板结构

1）电源开关：冲洗灌注泵开机与关机。

2）触摸屏：显示和调节各项参数、启动和停止设备各项功能。

3）负压吸引接口：与负压吸引管相连接，提供负压吸引力。

4）泵盘：泵管安装区域，未使用时需安装泵盘保护壳。

5）压力感应区域：使用时用于感应压力。

6）控制杆：用于释放和锁闭泵盘保护壳或泵管。

7）蠕动泵头：滚轮驱动设计，通过挤压泵管的方式将冲洗灌注液输出。

（2）宫腔镜模式下触摸屏：显示介绍见图 2-122。

1）宫腔镜模式：该处显示“Hysteroscopy”，表示冲洗灌注泵处于宫腔镜模式，可用于宫腔检查镜或电切镜手术。

2）压力调节区域：压力单位为 mmHg，通过该区域的“+”“－”键对膨宫压力进行精细调节。

3）流速调节区域：流速单位为 ml/min；流速有 200ml/min、400 ml/min、600 ml/min 三挡。

4）灌注启动开关：启动或停止灌注功能。

5）负压调节区域：冲洗灌注泵自带的负压功能调节区域，通过该区域的“+”“－”键调节负压大小。

6）负压启动开关：启动或停止负压吸引功能。

（3）腹腔镜模式下触摸屏显示介绍见图 2-123。

1）腹腔镜模式：该处显示“Laparoscopy”，表示冲洗灌注泵处于腹腔镜模式，可用于腹腔镜手术组织创面清洗。

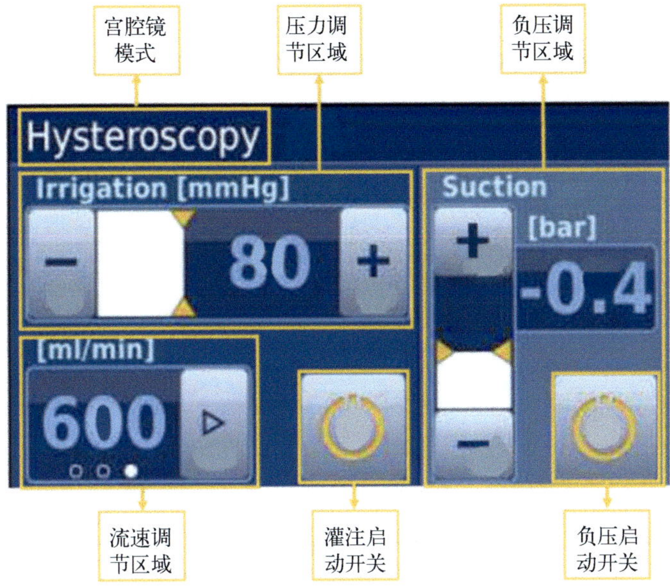


图 2-122　宫腔镜模式下触摸屏

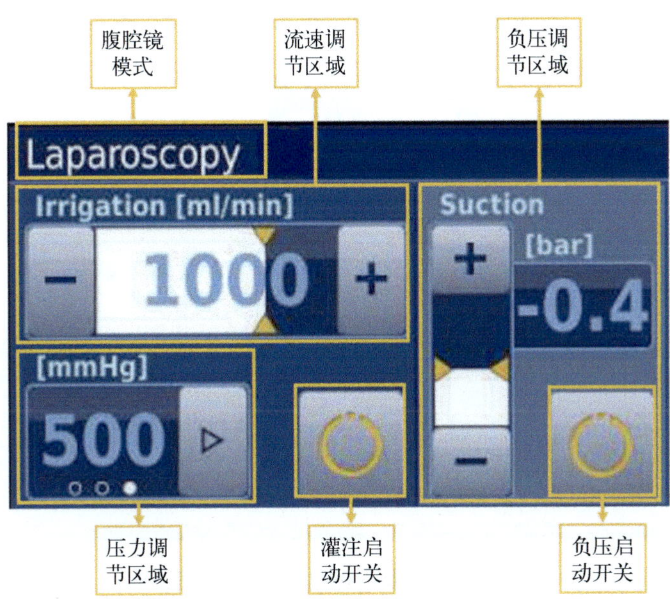


图 2-123　腹腔镜模式下的触摸屏

2）流速调节区域：流速单位为 ml/min，通过该区域的“+”“-”键对冲洗流速进行精细调节。

3）压力调节区域：压力单位为 mmHg，压力大小有 100mmHg、300 mmHg、500 mmHg 三挡。

4）灌注启动开关：启动或停止灌注功能。

5）负压调节区域：冲洗灌注泵自带的负压功能调节区域，通过该区域的“+”“－”键调节负压大小。

6）负压启动开关：启动或停止负压吸引功能。

3. 同步 / 按键型冲洗灌注管　如图 2-124。

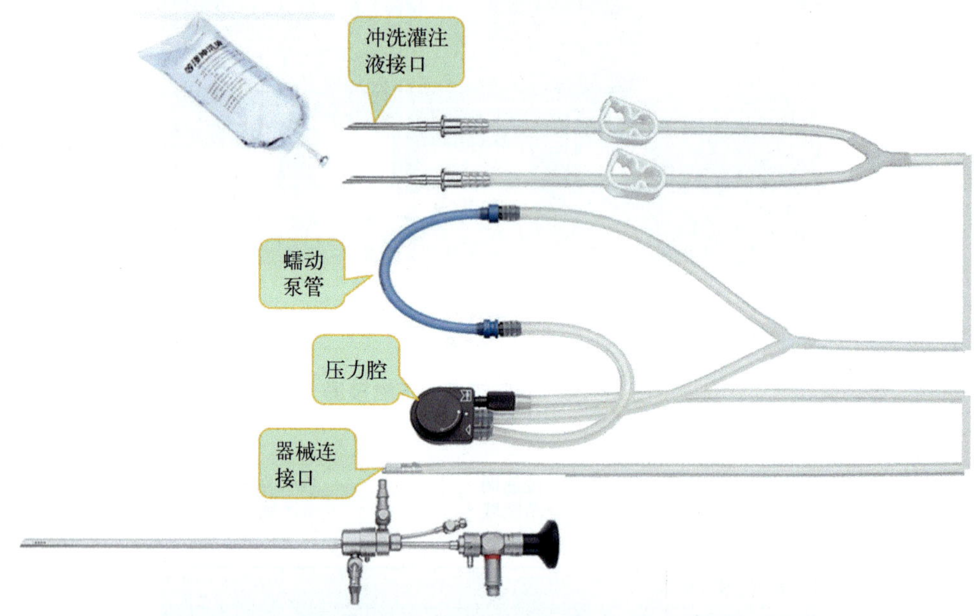


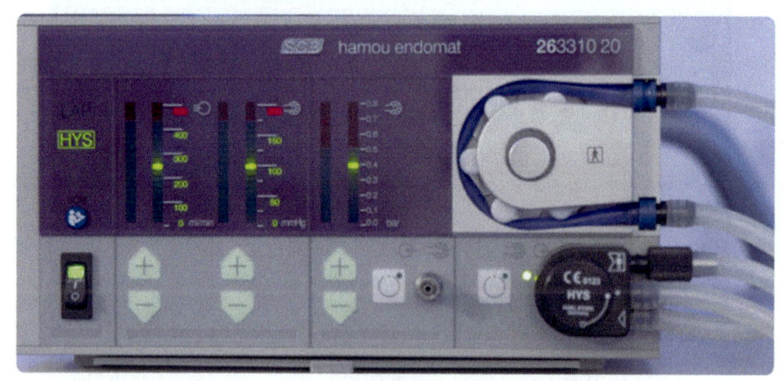


图 2-124　同步 / 按键型冲洗灌注管结构

（1）冲洗灌注液接口：针形接口，连接灌注液。

（2）蠕动泵管：安装在蠕动泵头位置，通过滚轮挤压该泵管而实现输液。

（3）压力腔：安装在压力传感器位置，液体流动时在此实现压力反馈。

（4）器械连接口：冲洗灌注液出口，与各类冲洗灌注器械相连。

4. 同步 / 按键型冲洗灌注泵工作原理　如图 2-125。

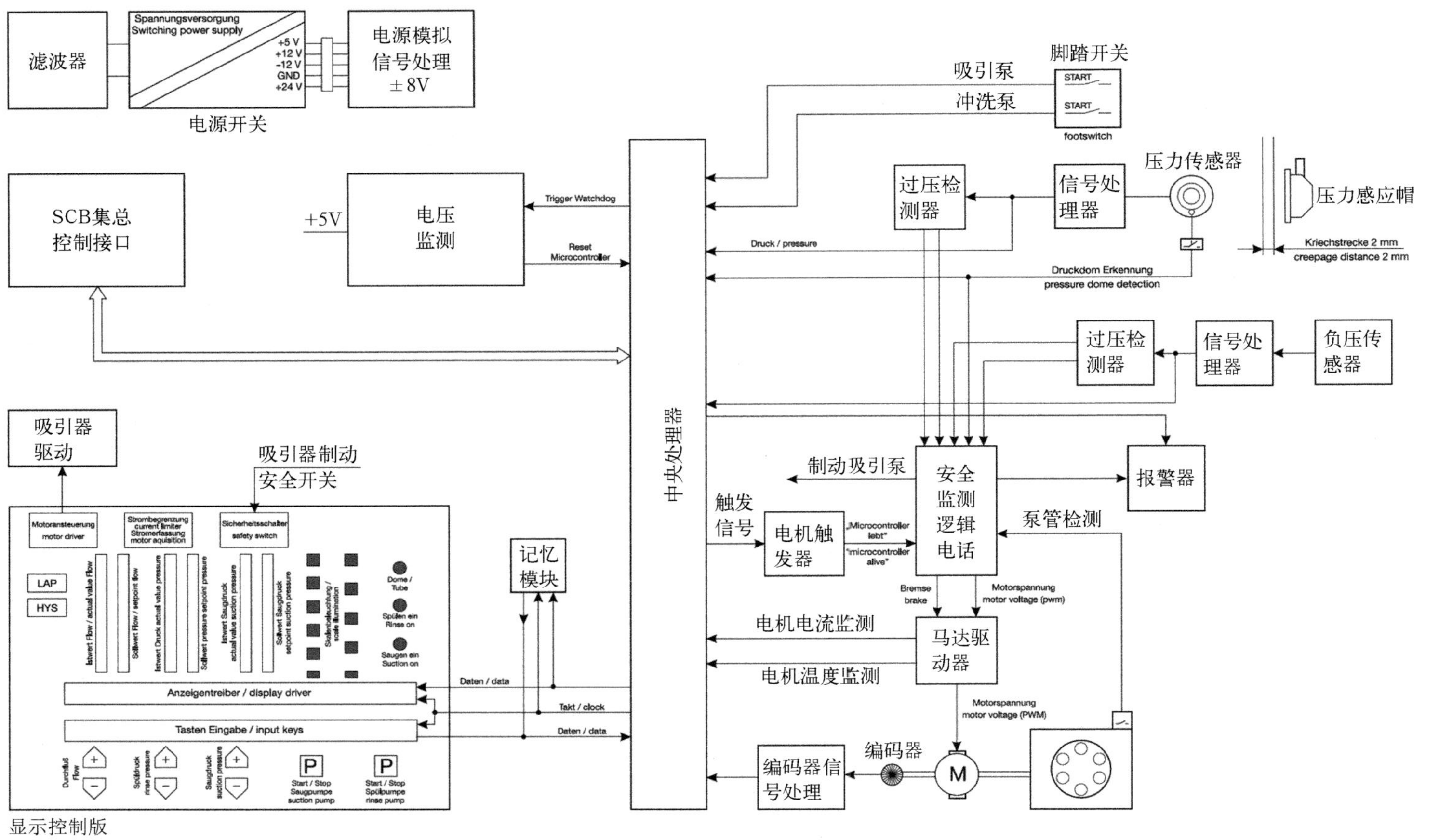


图 2-125 同步 / 按键型冲洗灌注泵工作原理图

## （四）冲洗灌注泵使用注意事项

1. 宫腔镜模式与腹腔镜模式切换　取决于所使用的泵管，安装对应的泵管则自动切换到相应的模式，如安装上腹腔镜用冲洗管，则冲洗灌注泵自动切换到腹腔镜模式（图 2-126）。开机一般默认为宫腔镜模式。

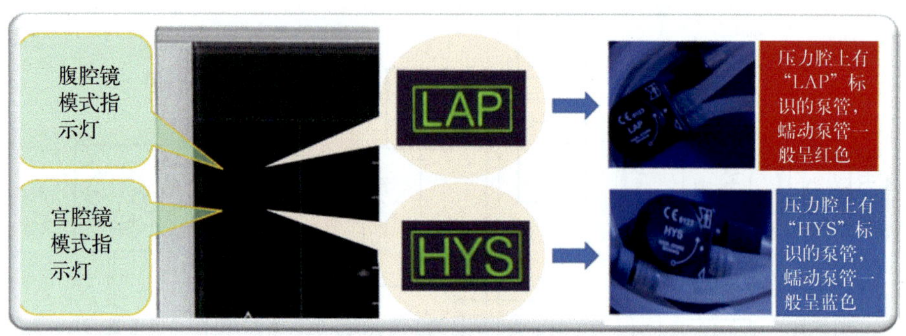


图 2-126　宫腔镜模式与腹腔镜模式的切换

2. 泵管安装与开机先后顺序　使用前，需要先开机完成自检，待自检完成后方可安装泵管，否则会出现持续闪屏报警（图 2-127）。

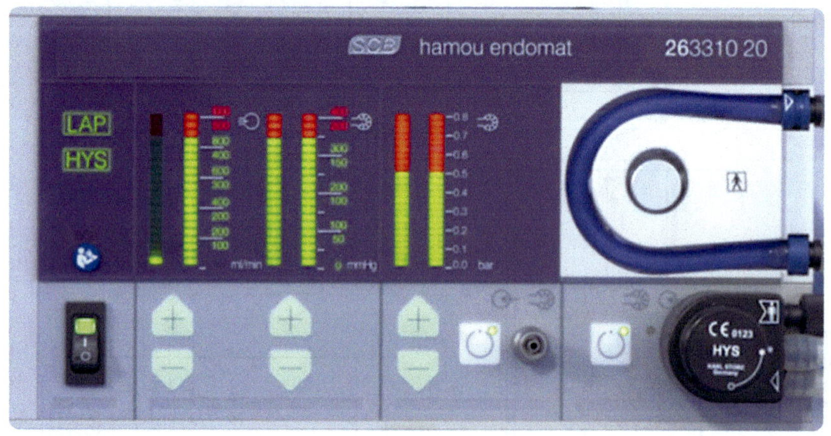


图 2-127　开机自检

3. 泵管安装或拆卸　泵管安装与卸下时，需要将泵头滚轮收回，切勿蛮力拉拽泵管（图 2-128）。

4. 术中流速压力参数值调节

（1）流速单位为 ml/min，压力单位为 mmHg。

1）腹腔镜模式时，最大流速可调至 1000ml/min，最大压力可调至 400mmHg。

2）宫腔镜模式时，最大流速可调至 500ml/min，最大压力可调至 200mmHg。

（2）术中冲洗灌注泵的压力和流速预设值一般不固定，需要根据患者的实际情况来定，通常我们建议将流速和压力调至对应模式最大值的 1/2，然后根据实际使用情况进行加减。

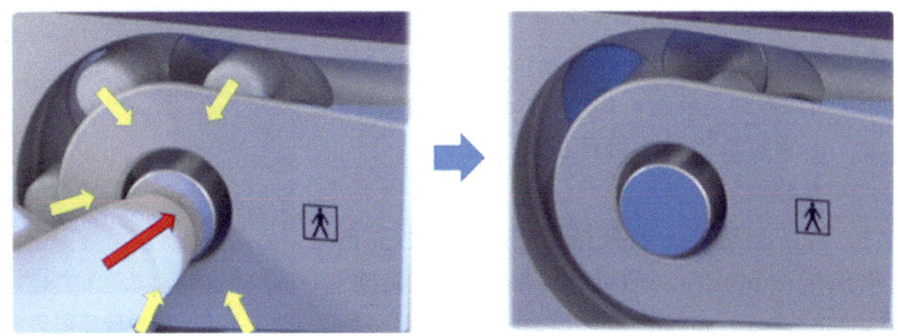

图 2-128　安装泵管

5. 术前泵管内气体排除

（1）手术正式开始前，需要排除泵管内残留空气，不能将空气注入患者体内。所以在接上器械前，应该先启动泵头，让冲洗液完全充满泵管，然后再接上器械。

（2）如果泵管内有气泡无法随液体自然排出，可以用手指轻弹气泡位置，外力会使气泡挪动，从而有助于气泡排出。

6. 泵管拆卸与关机　术后，首先关闭冲洗启动开关，再将针形接头从冲洗液中拔出，最后移除连接的器械。然后将针形接头放入盛有清水的容器中，器械接头置入废液盆中，然后启动冲洗开关。

上述操作的目的：①防止冲洗液喷出；②对泵管进行冲洗，防止冲洗液沉淀和结晶。

待泵管从泵头上彻底拆除后，最后再关闭电源开关。

7. 蠕动泵管漏液　可重复使用的泵管，由于蠕动泵管被泵头滚轮反复摩擦和挤压，时间长了会出现损耗，甚至还会发生破裂的情况，所以在使用前需仔细检查蠕动泵管。如果发现有破损等异常情况，应立即更换泵管，以防止漏液损坏设备（图 2-129）。

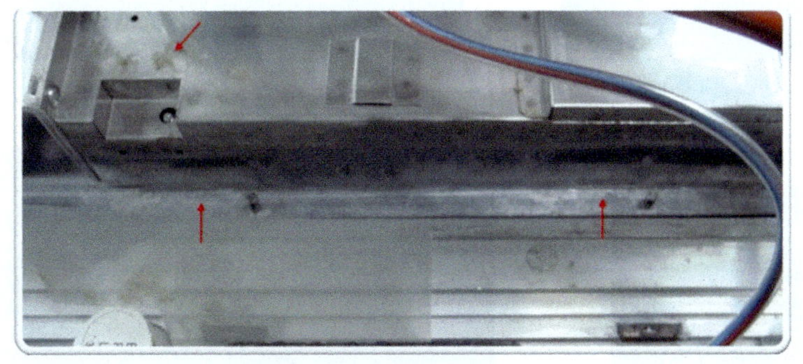

图 2-129　蠕动泵管异常

箭头所指区域都有非常严重的冲洗液结晶

图 2-130　压力传感器表面破损

**8. 压力传感器保护**　压力传感器表面是软性橡皮材质，所以平时应注意不要被锐器损伤，如果发现有破损(图 2-130)，应立即停止使用并送修，因为压力值会出现偏差，给手术造成风险。停止使用时，该感应器需带上标配的保护帽。

**9. 泵管清洗与灭菌**

（1）冲洗灌流液一般都是生理盐水或甘露醇，容易出现沉淀和结晶，所以术后需要对泵管进行精细清洗，避免出现结晶残留（图 2-131）。

（2）由于泵管很长，所以清洗时需要将泵管彻底拆卸，尤其是压力腔，然后用高压水枪进行冲洗，用高压气枪进行干燥（图 2-132、图 2-133）。

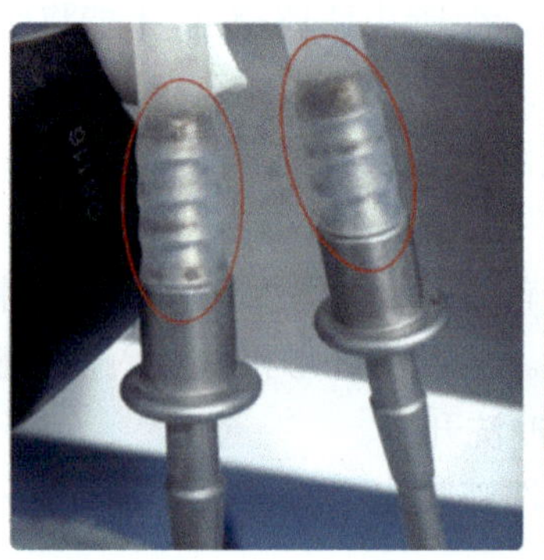

图 2-131　泵管内结晶残留

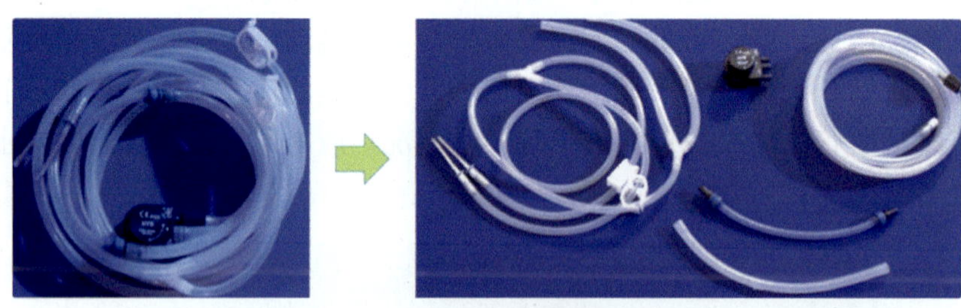
图 2-132　泵管拆卸

图 2-133　压力腔拆卸

（3）可重复使用的泵管是硅胶材质，一般推荐使用预真空高温高压的方式来灭菌，切勿使用低温等离子方式灭菌，低温等离子方式易使泵管出现氧化、粘连、损坏。

### （五）冲洗灌注泵常见故障与处理建议

1. 开机后闪屏报警　如图 2-134。

处理建议：①泵管与开机顺序弄错，应先开机完成自检，然后再装泵管，关机后按正确流程重新操作一遍即可；②开机流程正确，但仍旧报警，则为设备硬件故障，可能是控制板、显示板或传感器损坏，需联系厂家检测维修。

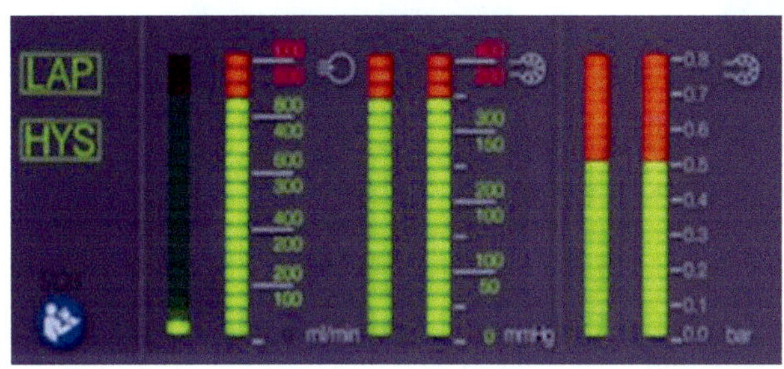

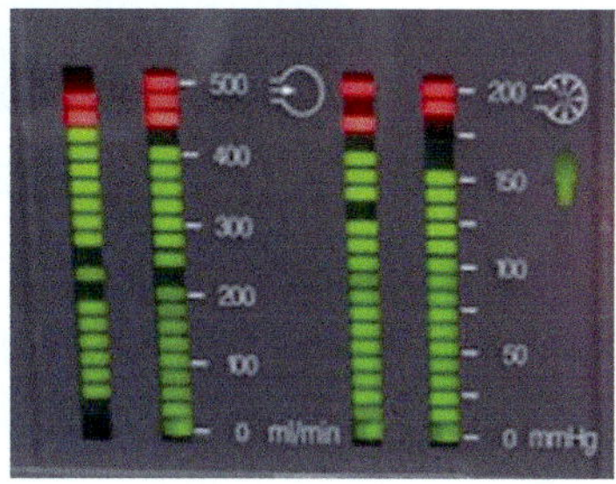


图 2-134　开机后闪屏报警

2. 在宫腔镜手术中，图像画面抖动严重，影响手术操作

处理建议：冲洗灌注泵放置的位置低于手术床床面，冲洗液输出受重力影响变得不均衡，从而使泵管出现抖动现象。所以将冲洗灌注泵置于手术床床面平齐或更高的位置，能有效解决画面抖动的问题。

3. 泵头转动速度与预设流速不符

处理建议：由于蠕动泵管破损，冲洗灌注液漏出，在泵头位置形成结晶，从而阻碍了泵头电机正常运转。此时需将泵头拆卸清洗，并上油润滑。由于泵头结构极其复杂，务必送至厂家进行拆卸清洗。

4. 部分冲洗灌注泵泵头有锁定杆，但锁定杆不能正常调节　如图 2-135。

处理建议：同样是由于漏液结晶后造成的锁定杆卡死。平时需时刻注意蠕动泵管破损情况，如果锁定杆出现卡死问题，可以向锁定杆根部注油润滑，如果仍旧不能解决问题，则需送至厂家进行维修处理。

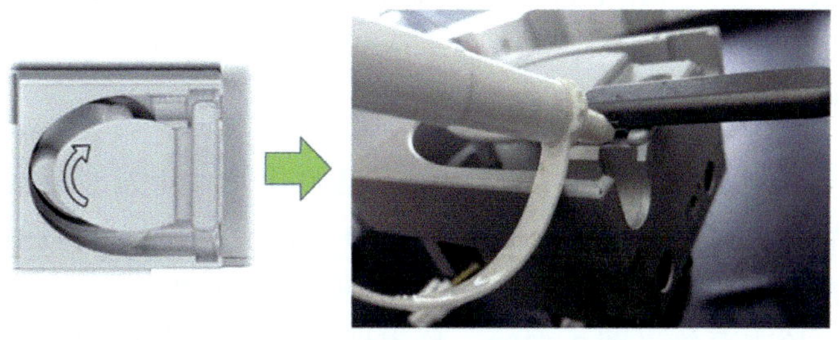

图 2-135　部分冲洗灌注泵泵头有锁定杆

5. 宫腔镜手术中实际压力一直无法达到预设值，泵头电机一直转，且有漏液结晶 如图 2-136。

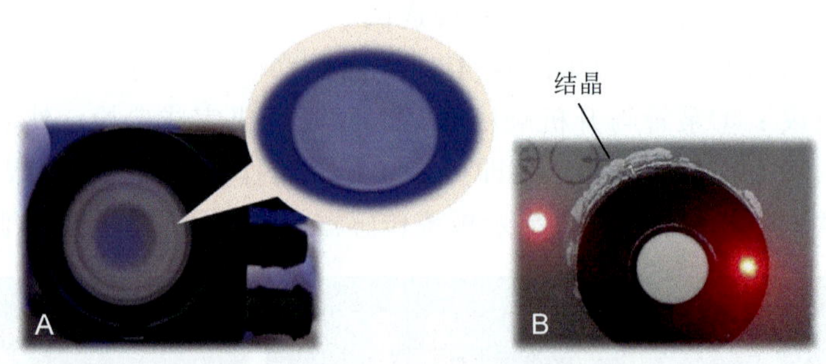


**图 2-136 漏液结晶腐蚀传感器**

A. 压力隔膜；B. 冲洗液结晶

处理建议：①压力腔内的压力隔膜破损，无法做出准确的压力传导，导致压力始终达不到预设值，泵头电机就会一直转动；②漏液结晶也会腐蚀传感器；③压力隔膜属于易损件，平时可以多备一些，发现有破损时可以及时进行更换。

6. 术中冲洗灌注泵工作正常，但冲洗灌注液输出很少或无输出

处理建议：蠕动泵管被泵头滚轮反复摩擦后出现磨损变薄和打滑现象，导致冲洗灌注液在蠕动泵管内受到的挤压力减弱，最终会导致出水弱或不出水的现象，此时需要更换蠕动泵管。

### （六）冲洗灌注液的种类与选择

1. 冲洗灌注液的种类：目前临床所使用的冲洗灌注液主要有三种，分别是 0.9% 的氯化钠溶液（生理盐水）、5% 甘露醇注射液、5% 葡萄糖溶液。

2. 冲洗灌注液主要依据手术类型来选择（表 2-5）。

**表 2-5 冲洗灌注液选择依据**

| 冲洗灌注液 | 特点 | 适合的手术类型 |
|---|---|---|
| 0.9% 氯化钠溶液 | 等渗溶液 | 双极电切、宫腔镜检查等 |
| 5% 甘露醇注射液 | 高渗溶液 | 单极电切 |
| 5% 葡萄糖溶液 | 高渗溶液（糖尿病患者忌用） | 单极电切 |

## 二、冲洗灌注泵操作流程

第一步：开机自检（图 2-137）。按下电源开关，开关上绿色指示灯亮起，冲洗灌注泵启动自检，自检时面板所有 LED 灯都会亮起，自检通过后才会恢复正常显示。自检不通过，面板所有 LED 灯都会闪烁报警 。

第二步：检查泵管（图 2-138）。检查蠕动泵管是否磨损严重或有破损。检

查压力感应模块内的感应膜是否有破损。发现问题请及时更换泵管，切勿继续使用。重复使用的泵管，推荐预真空高温高压灭菌。

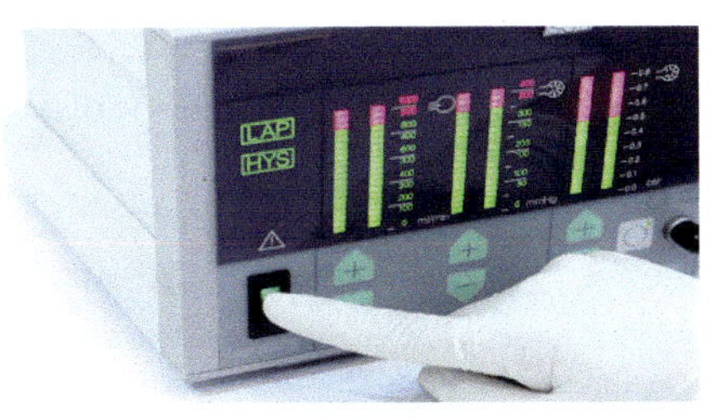


图 2-137　开机自检

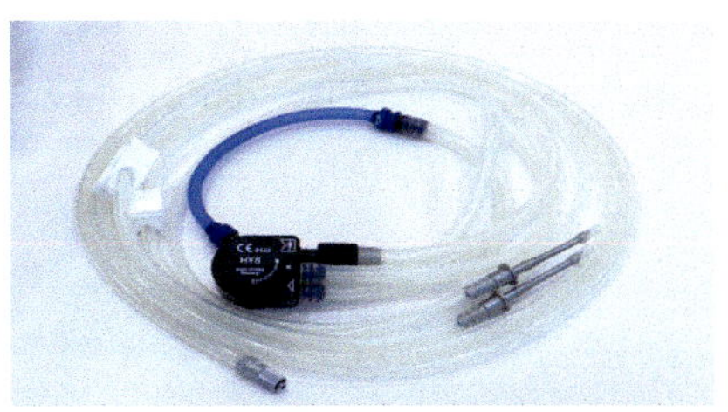

图 2-138　检查泵管

第三步：安装蠕动泵管（图 2-139）。蠕动泵管上带三角箭头的一端表述出水端，固定到上侧卡口，没有箭头的一端固定到下侧卡口。宫腔镜模式 / 腹腔镜模式会根据安装的蠕动泵管自动识别，一般蓝色表示膨宫管，红色表示冲洗管。

第四步：安装压力感应帽（图 2-140）。安装时注意卡槽位置。装好后左侧红外感应指示灯会变成绿色，表示压力感应帽完好，可以使用。如果指示灯仍旧是红色，则表示压力感应帽损坏，需立即更换。

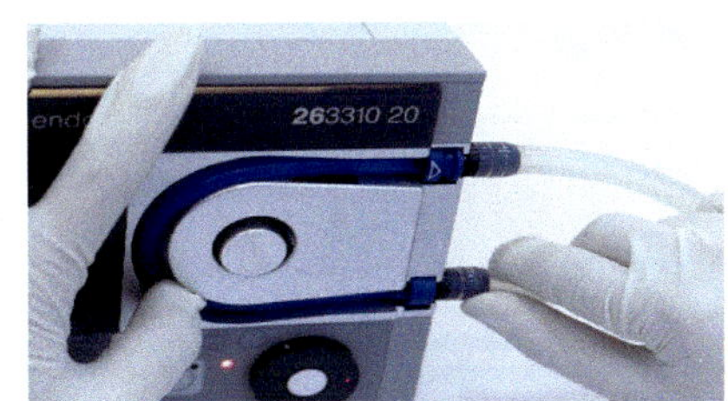


图 2-139　安装蠕动泵管

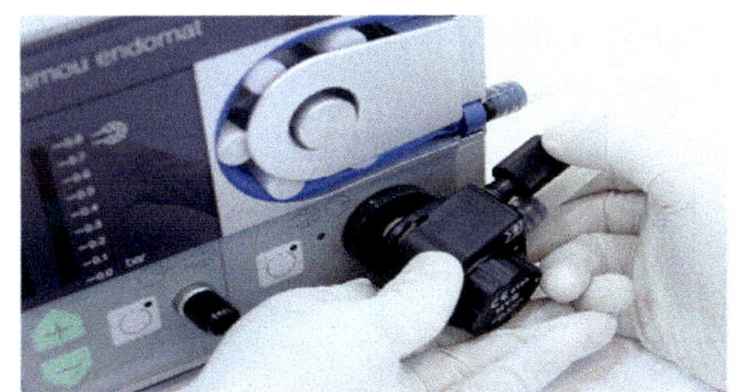


图 2-140　安装压力感应帽

第五步：流速设置（图 2-141）。流速单位为 ml/min。膨宫用流速建议预设为 200 ～ 250ml/min。腹腔镜冲洗流速建议预设为 400 ～ 500ml/min。术中再根据膨宫或冲洗的实际效果进行调整。

第六步：压力设置（图 2-142）。压力单位为 mmHg。膨宫用压力建议预设为 100mmHg。腹腔镜冲洗流速建议预设为 200mmHg。术中再根据膨宫或冲洗的实际效果进行调整。

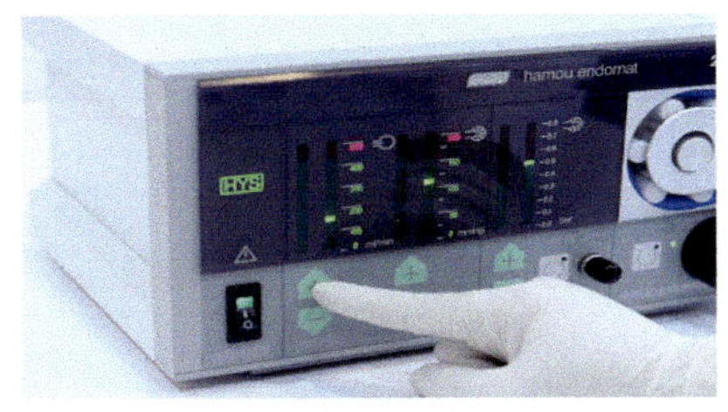


图 2-141　流速设置

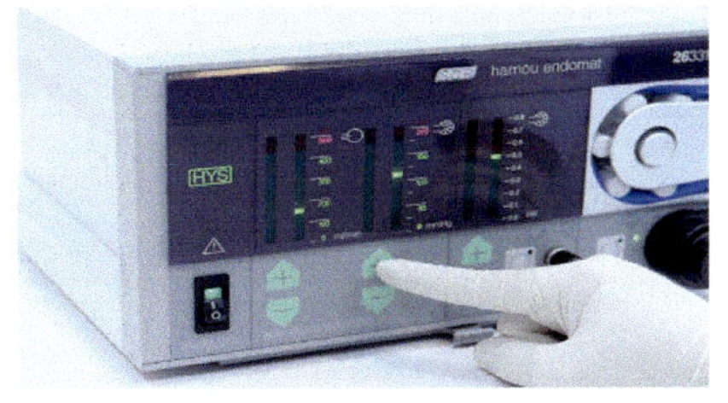


图 2-142　压力设置

第七步：冲洗启动（图 2-143）。按下启动开关按钮，按钮上绿色指示灯亮起，泵头内滚轮会自动弹起转动，通过挤压蠕动泵管实现冲洗液输出。术中关闭器械进水阀门，泵头会自动停止转动。

第八步：冲洗停止（图 2-144）。术后再次按下启动开关按钮，按钮上绿色指示灯熄灭，泵头停止转动。

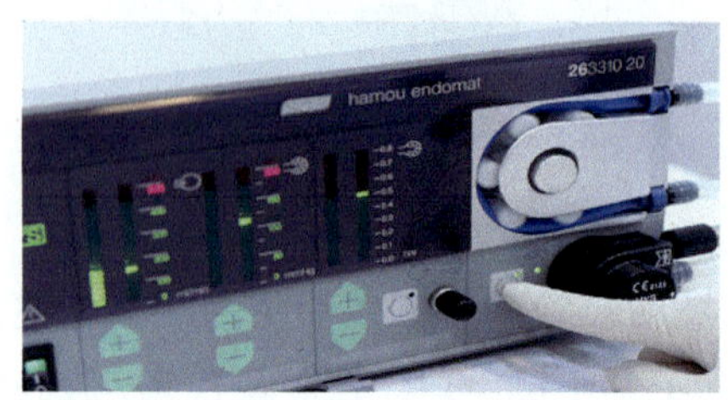

图 2-143 冲洗启动

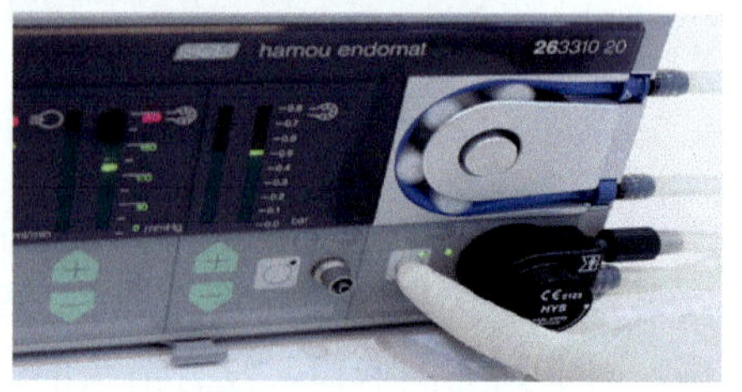

图 2-144 冲洗停止

第九步：泵管拆卸（图 2-145）。按下滚轮收缩开关，滚轮缩回后可。拆下蠕动泵管。逆时针旋转压力感应帽 30° 就可以拆卸压力感应帽。

第十步：关机（图 2-146）。按下电源开关，关闭冲洗灌注泵。流速和压力具有记忆功能，下次开机时会自动保持之前的参数设置。

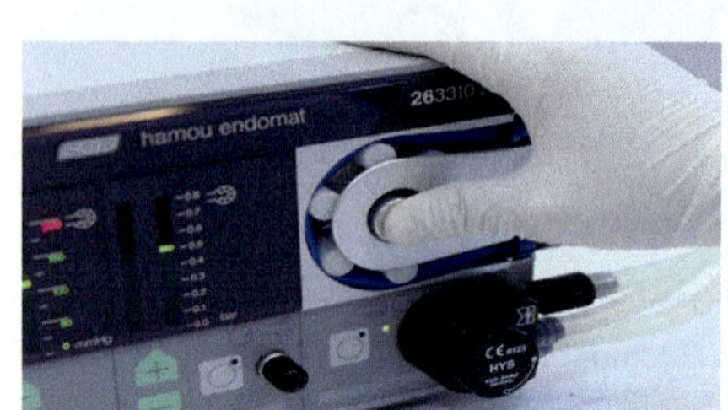

图 2-145 泵管拆卸

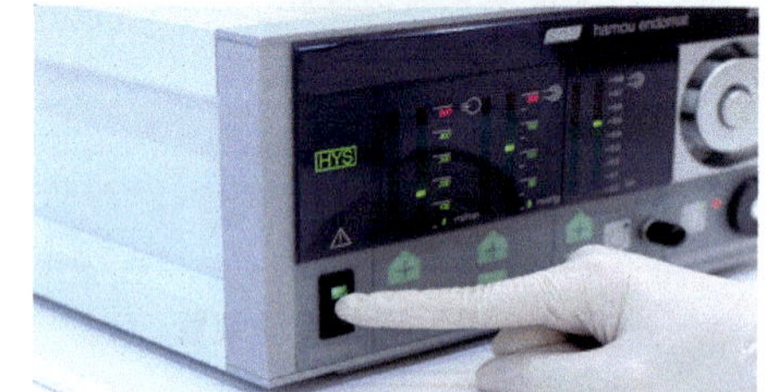

图 2-146 关机

# 第 3 章　内窥镜手术辅助设备使用及维护保养

## 第一节　动力系统

### 一、动力系统主机

#### （一）动力系统描述

动力系统是由动力主机控制高速电机旋转，从而带动手术器械（钻头、刨削刀头、旋切刀头、铣刀等），对人体软组织（如息肉、黏膜、鼻甲、肌瘤等）、骨质（如蝶骨、颅骨、脊柱等）等进行切削、打磨，从而达到去除人体病变组织，开放手术视野等功效的医疗设备（图 3-1）。

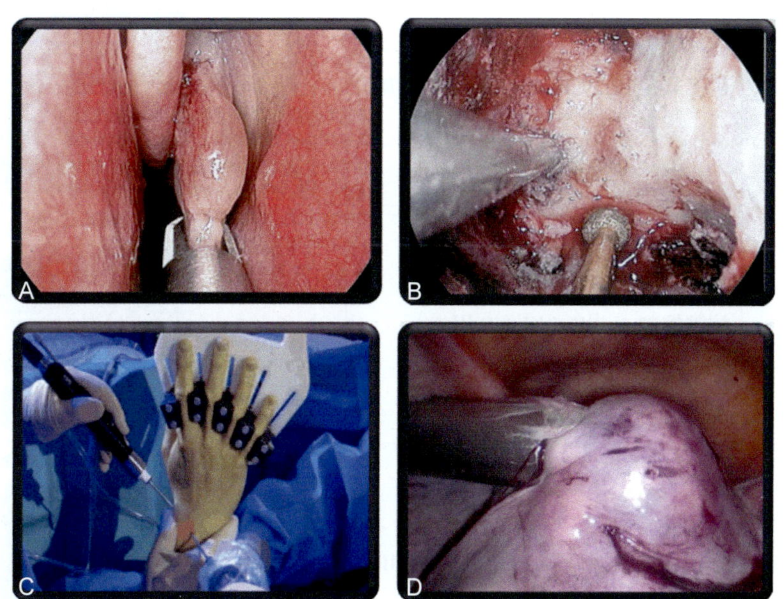

图 3-1　动力系统

A. 刨削（息肉吸引切割）；B. 电钻（骨质打磨）；C. 打磨（关节动力打磨）；D. 旋切（子宫肌瘤粉碎）

## （二）医用动力系统分类

1. 按照使用科室不同可分为耳鼻喉动力系统、神外动力系统、妇科动力系统和骨科动力系统等。

2. 按照控制方式不同可分为按键控制动力系统和触摸屏控制动力系统。

3. 动力系统图解与分类见表 3-1。

**表 3-1　动力系统图解与分类**

| 科室 | 控制类型 | 产品型号 | 产品图片 |
|---|---|---|---|
| 耳鼻喉科 | 按键控制 | Unidrive S Ⅲ ECO | 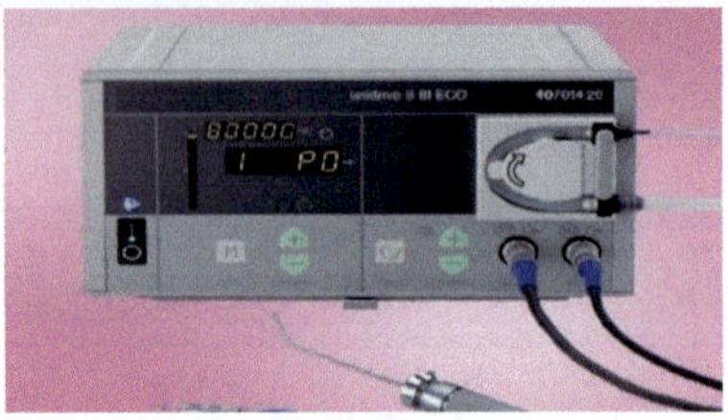 |
| | 触摸屏控制 | Unidrive S Ⅲ ENT | 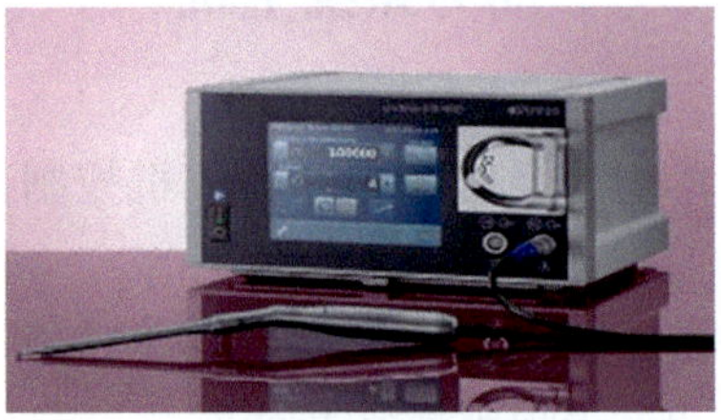 |
| 神经外科 | 触摸屏控制 | Unidrive S Ⅲ NEURO | 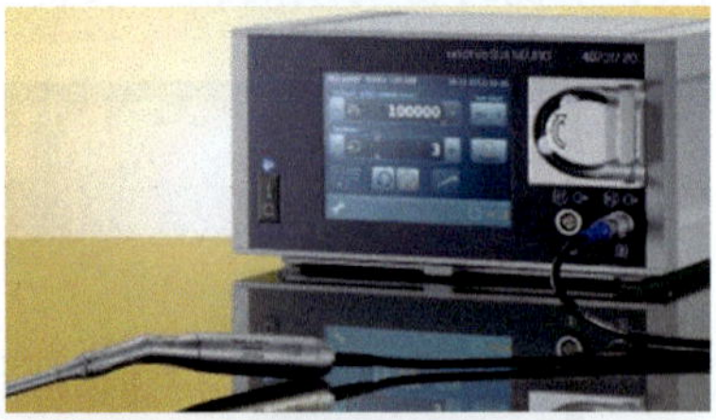 |
| 妇科 | 按键控制 | Unidrive S Ⅲ | 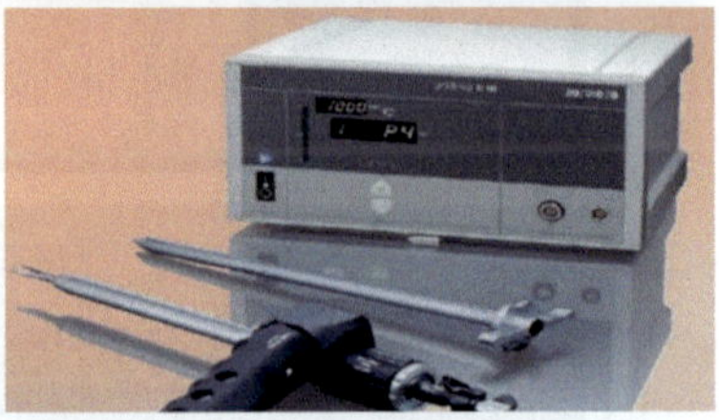 |
| 骨科 | 触摸屏控制 | Unidrive S Ⅲ ARTHRO | 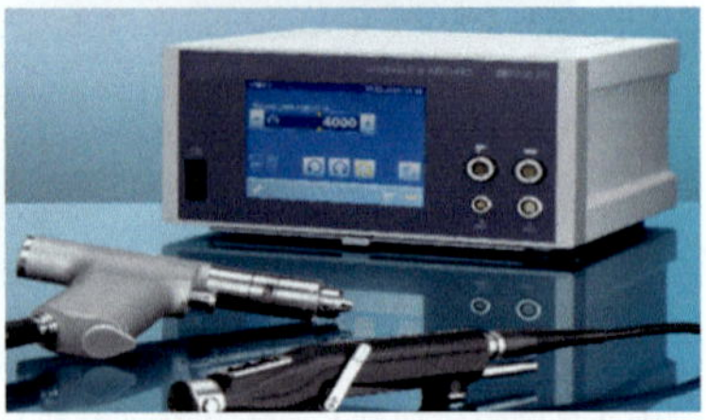 |

## 二、各科动力系统详解

### （一）耳鼻喉动力系统

1. 耳鼻喉动力系统的作用　医用耳鼻喉动力系统主要用于耳部颞骨打磨、鼻部骨质打磨、软组织刨削、颅底打磨等手术操作（图 3-2）。

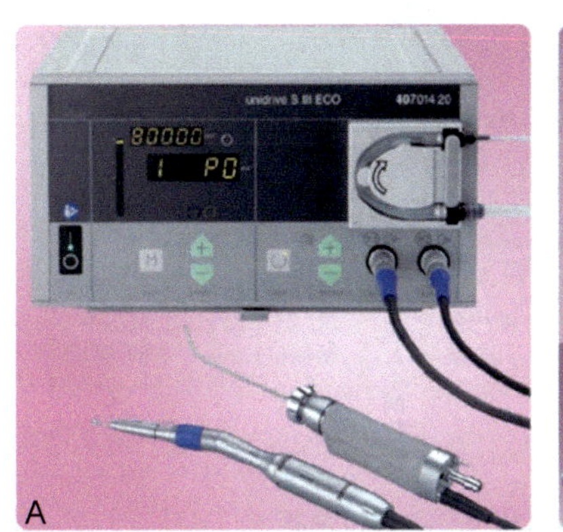


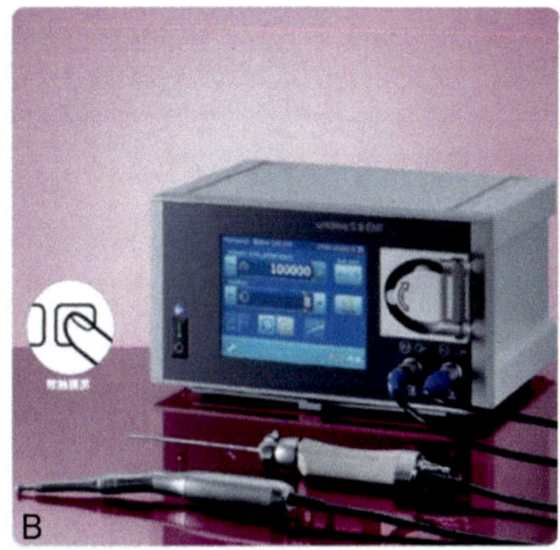


图 3-2　耳鼻喉动力系统

A. Unidrive S III ECO；B. Unidriver S III ENT

2. 耳鼻喉动力系统结构组成

（1）Unidrive S III ECO 动力系统：由按键型动力主机、动力手柄、脚踏板等部分组成（图 3-3）。DRILLCUT 刨削手柄主要用于软组织切割，INTRA 电钻手柄主要用于骨质打磨。

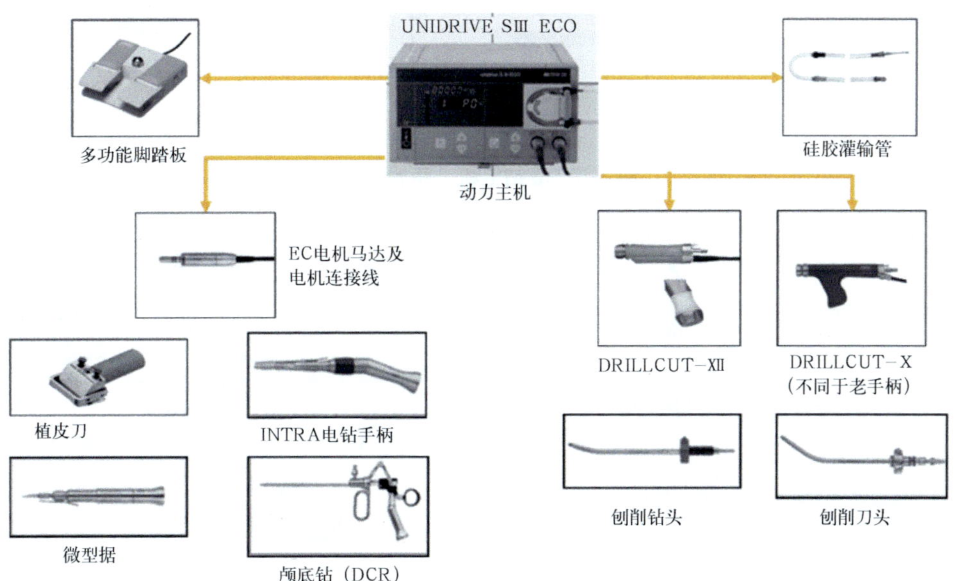


图 3-3　Unidrive S III ECO 动力系统组成

1）Unidrive S Ⅲ ECO 主机面板见图 3-4。

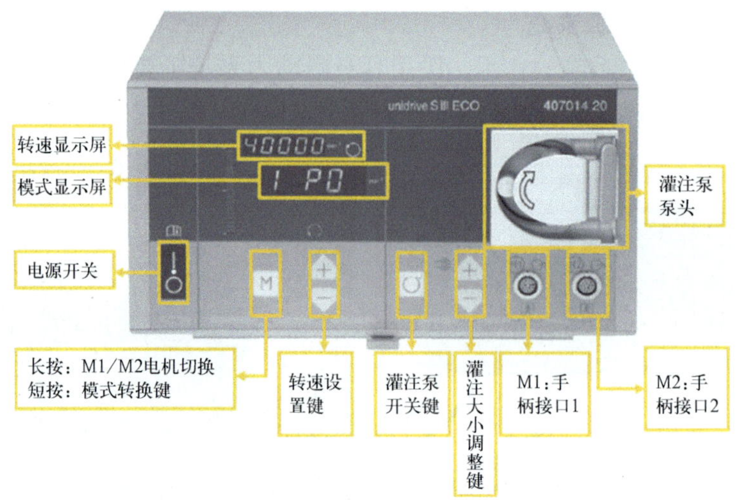


图 3-4　Unidrive S Ⅲ ECO 主机面板

2）动力主机外接设备器械：① EC 电机、手柄、钻头（图 3-5）；②刨削手柄、刀头（图 3-6）。

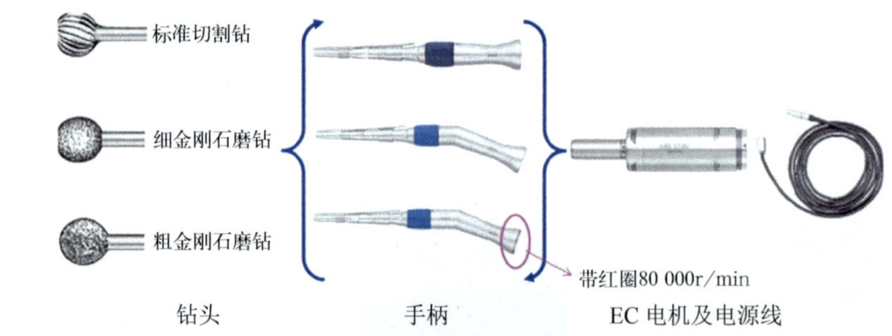


图 3-5　磨钻电机、手柄及钻头

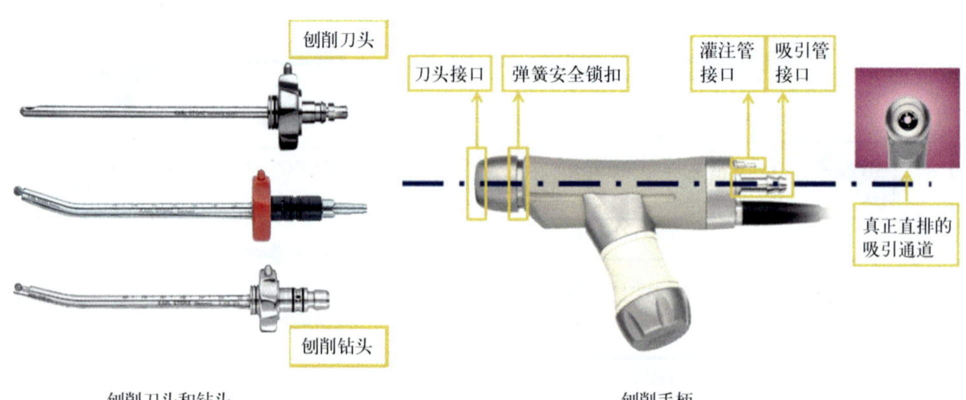


图 3-6　刨削手柄、刀头

3）多功能脚踏板：用于调整动力主机参数设置，启动动力主机（图 3-7）。

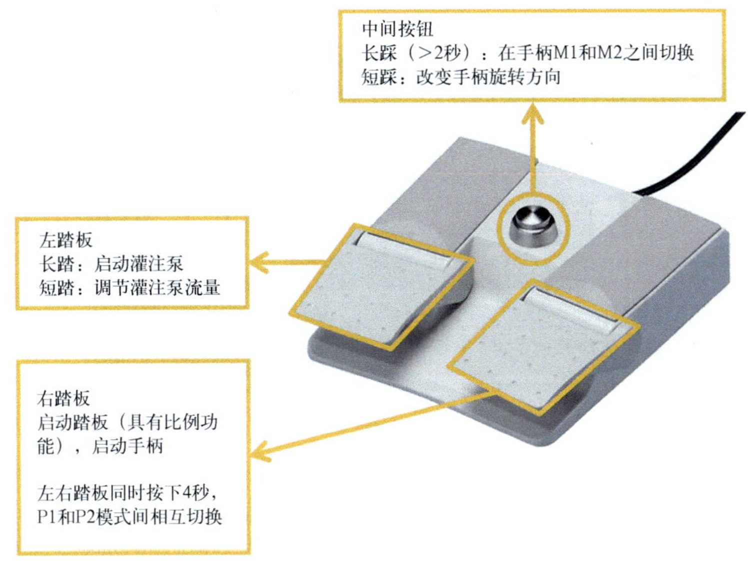


**图 3-7　多功能脚踏板**

（2）Unidrive S III ENT 动力系统：由触摸型动力主机、动力手柄、脚踏板等部分组成（图 3-8）。DRILL-CUT Ⅻ刨削手柄主要用于软组织切割，INTRA 电钻手柄主要用于骨质打磨。

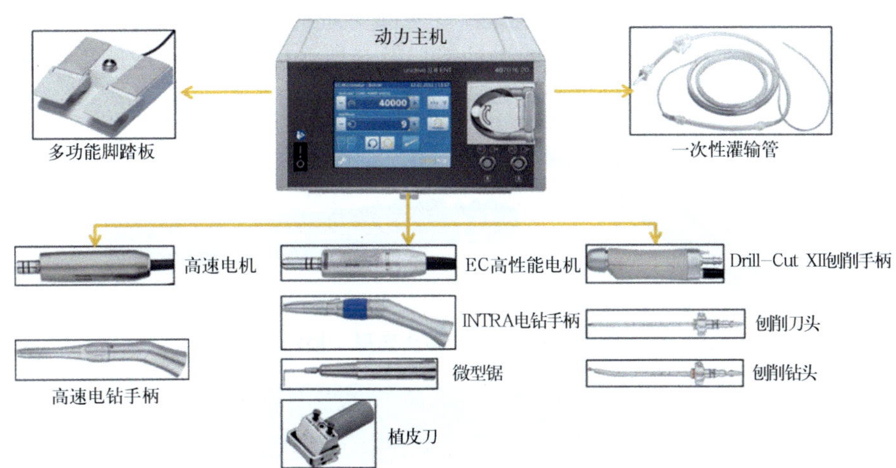


**图 3-8　Unidrive S III ENT 动力系统组成**

Unidrive S III ENT 主机面板见图 3-9。

## 3. 耳鼻喉动力系统使用注意事项

（1）术前：①使用前检查刀头、钻头是否有变形、损坏或老化（图 3-10），

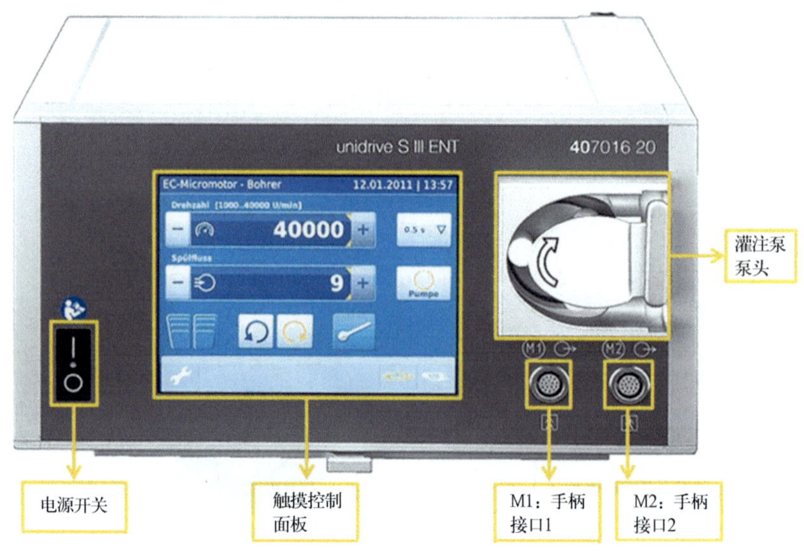


图 3-9　Unidrive S Ⅲ ENT 主机面板

如有类似问题需及时更换；②检查刀头外鞘上的密封圈是否丢失，如丢失则需要补充，否则使用过程中会出现刀头晃动或漏水的情况（图 3-11）；③仔细检查灌注管是否有破损，尤其是蠕动部位泵管；④手柄连接主机时，注意插入方向，手柄红点对应主机红点插入，否则会出现针脚内陷或断裂的情况（图 3-12）；⑤磨钻钻头在插入手柄时需插到底，另外磨钻手柄上锁和解锁都需彻底（图 3-13）；⑥刨削手柄需要连接吸引管和注水管，磨钻手柄需要连接注水管（图 3-14）；⑦在主机上选择正确的手柄接口及与所连接手柄相对应的工作模式；⑧建议将转速调节到最高转速的 70% ～ 80%，避免满负荷运转。

图 3-10　刀头、钻头变形、损坏

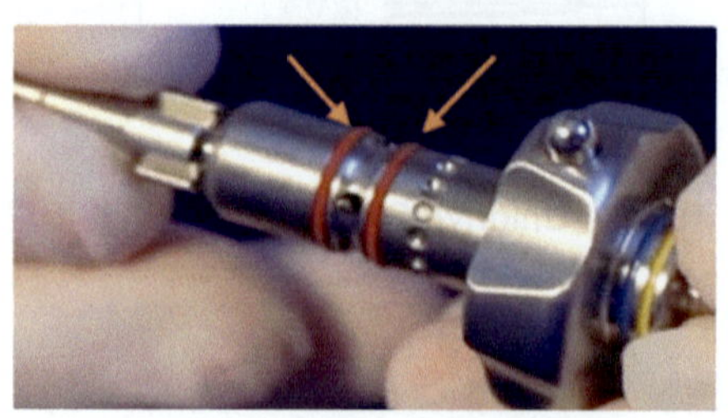

图 3-11　刀头外鞘的密封圈

图 3-12　手柄与主机的连接

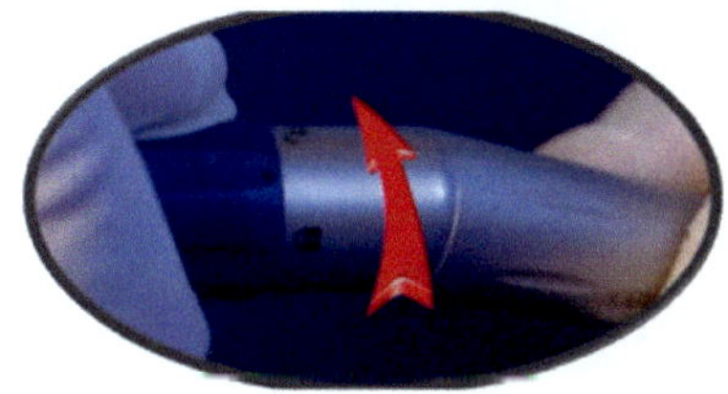

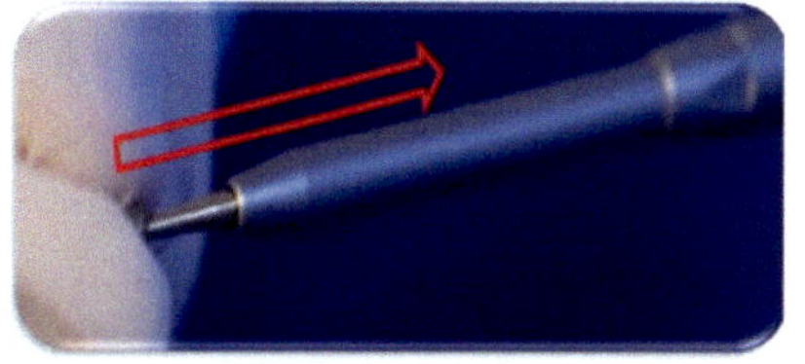

图 3-13　钻头与磨钻手柄的连接

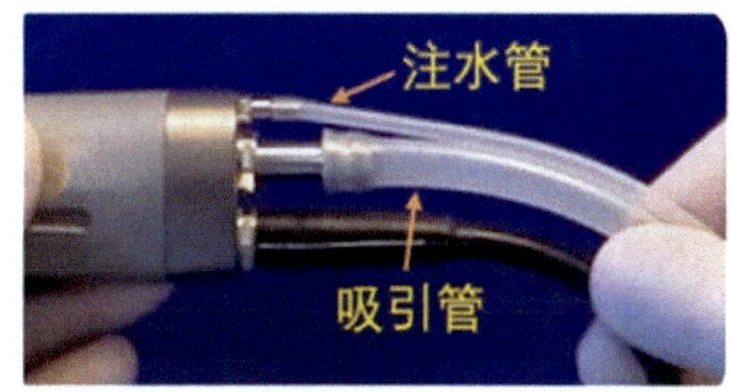


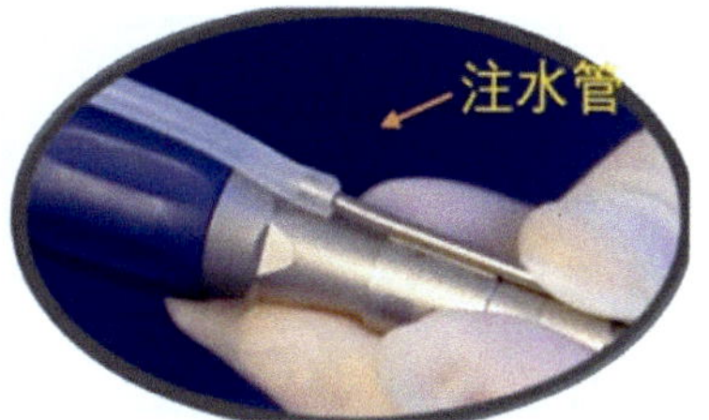


图 3-14　手柄上吸引管与注水管的连接

（2）术中：①术中暂时不使用动力时，应及时将刀头置于无菌的生理盐水中，通过负压吸引生理盐水来冲洗手柄的吸引通道，防止污物黏附，而增加转动阻力，导致电机发热故障（图 3-15）。②使用时如果发生堵塞，可以用注射器从刨削窗口冲洗或使用细毛刷，去除污物（图 3-16）。③电钻使用过程中需仔细确认钻头是否装好，勿压迫骨质进行打磨。长时间打磨时，可使用湿纱布对手柄和电机进行降温。④关闭安全锁后，弯刀头不能旋转，而直刀头仍然可通过调节方向旋钮来改变刨削窗口的位置。因此，使用直刀头时，术者示指不能离开旋钮，以免刀头自转而伤害患者（图 3-17）。⑤使用时适当调整转速，建议工作一会儿，停一会儿，间歇式激发，防止手柄过热而损坏（图 3-18）。⑥刨削手柄避免切割硬质骨质。

（3）术后

1）拆分：必须最小化拆分泵管、刀头等部件进行清洗。

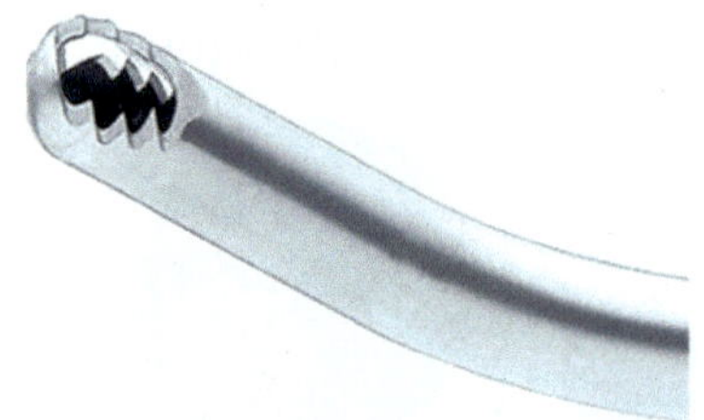
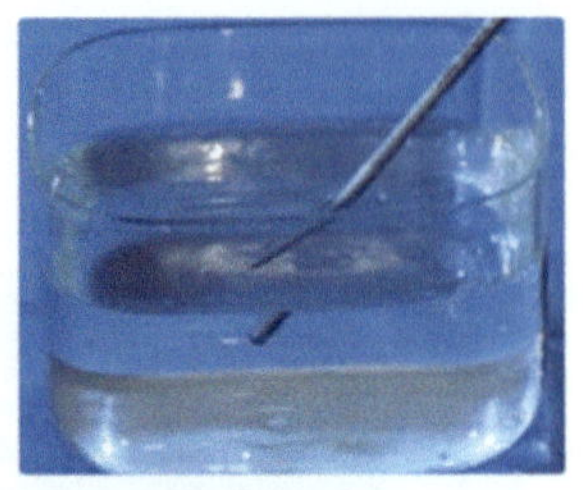

图 3-15　刨削刀头头端置于生理盐水

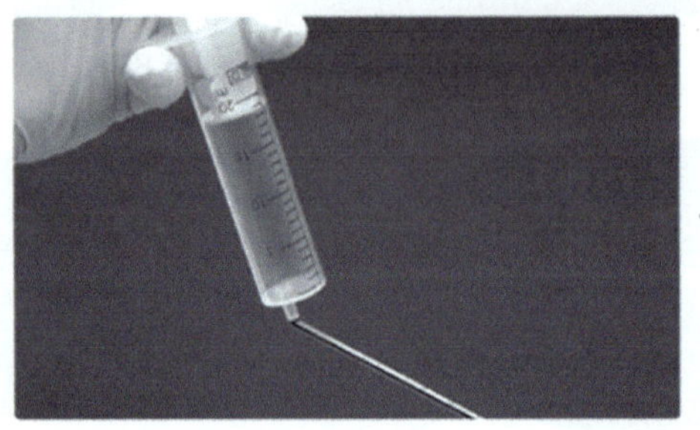

图 3-16　用注射器冲洗

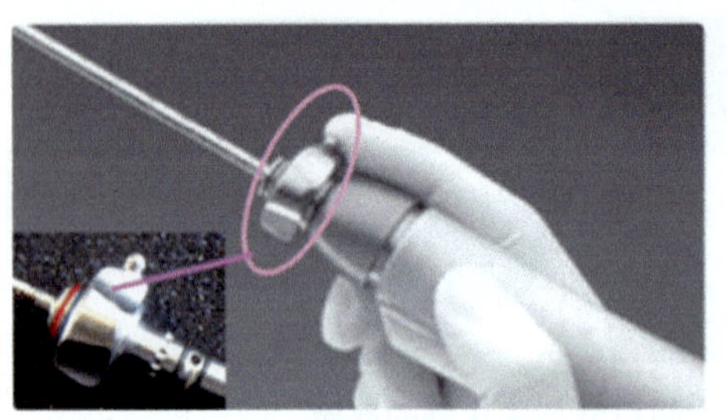

图 3-17　直刀头使用注意图

图 3-18　过热烧毁的马达手柄

2）刷洗：用柱状细毛刷（蘸多酶洗液）仔细清理手柄吸引通道，特别是刀头接口处的凹槽（动力手柄、EC 电机可以在流动水下清洗，但不能浸泡）（图 3-19）。

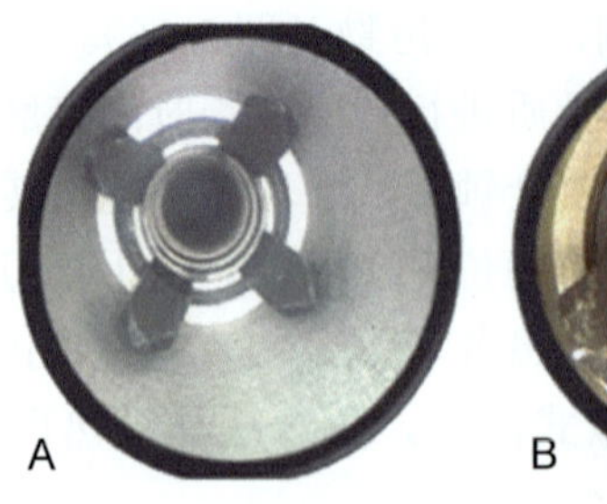
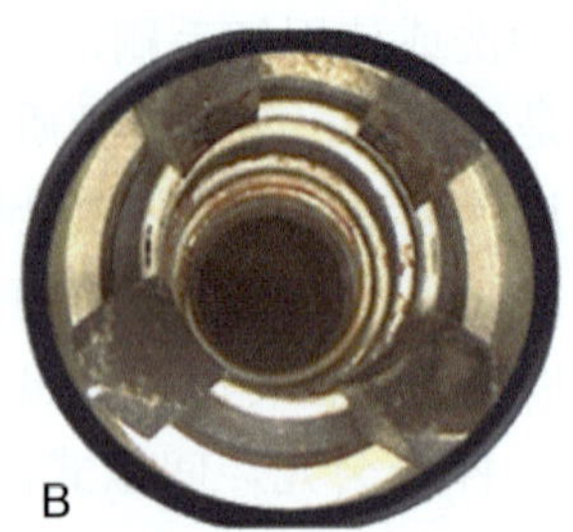

A　　B

图 3-19　刀头接口处的凹槽

A. 清洁的手柄；B. 清洗不彻底的手柄

3）酶洗：将刀头外鞘及内芯浸泡于水或多酶洗液中 5 分钟，清除表面黏附的组织液、血渍等。

4）冲洗：用纯水冲洗手柄吸引通道 3 遍，每次至少 1 分钟或使用水枪清洗吸引通道。

5）干燥：用软布或压缩空气干燥手柄内部通道及表面。

6）润滑：①灭菌前使用清洁润滑油从刀头接口处喷入润滑油；接通主机并设定为低转速，启动电机 10 ～ 15 秒；吸引接口向下，让液体从吸引出口流出。②刨削刀头内部通道需要用器械润滑油润滑。③灭菌前将润滑油从电机接口喷入，连接手柄，启动电机 10 ～ 15 秒让润滑油渗入电机及手柄。可重复“拆开—喷油—连接—转动”过程。

7）灭菌：推荐使用预真空高温高压灭菌，灭菌参数为 132 ～ 134℃，2bar，4 分钟。

8）电机马达与手柄清洁润滑处理：见图 3-20。

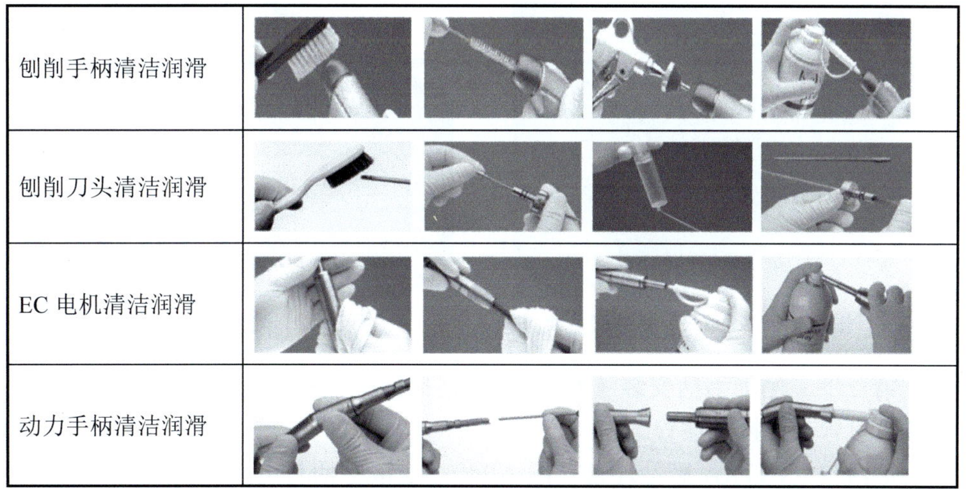


**图 3-20　电机马达与手柄清洁润滑处理方法**

### 4. 耳鼻喉动力系统常见故障与处理建议

（1）刨削刀头或磨头无法转动：①刨削手柄或磨钻手柄被血渍；碎骨片等异物卡塞，用乙醇、除锈剂等浸泡，术中建议吸水清理，术后及时做预清洁处理；②马达或马达连线损坏，返厂维修；③马达高温，自然冷却后再继续使用；④灌注泵未锁住，重新锁紧灌注泵锁杆；⑤马达未和主机正确连接，重新插拔马达连线；⑥磨钻钻头未正确安装，重新安装钻头。

（2）切割打磨效率低，切割打磨速度慢：刨削刀头或磨头磨损，更换新刨削刀头或磨头。

（3）刨削刀头内芯断裂：①避免刨削硬质骨质；②刀头应拆至最小化后清

洗、润滑和灭菌，切勿组装在一起灭菌，易造成刀头内芯与外鞘相互吸附卡死，此时再用力扭转和拉拽内芯，就易造成断裂。

（4）设备电源指示灯不亮：①电源线未正确连接；②设备内部保险丝熔断，更换保险丝；③电源指示灯坏，更换新电源指示灯；④电源模块损坏，返厂维修。

（5）灌注泵不工作：①灌注液储瓶已空，加灌注液；②管夹锁紧，或管路扭结，阻断了流动，松开管路夹子或平顺管路；③灌注液体瓶不通气。

### 5. UNIDRIVE S Ⅲ ECO 耳鼻喉科动力系统操作流程

第一步：刨削手柄 &INTRA 磨钻和主机连接（图 3-21）。将马达连线插头对齐主机 M1 或者 M2 插孔。

马达连线插头上红点对准主机插孔红点，平直插入，直至底部。

第二步：灌注管路安装（图 3-22）。拔下档杆，按照箭头所示方向安装灌注管路。锁紧档杆。

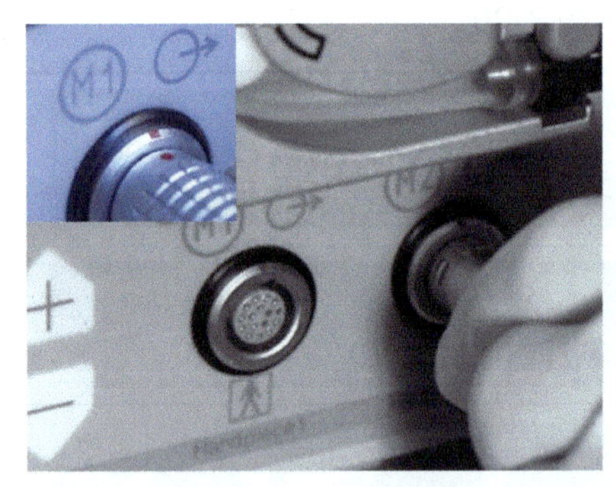


图 3-21　刨削手柄 &INTRA 磨钻和主机连接

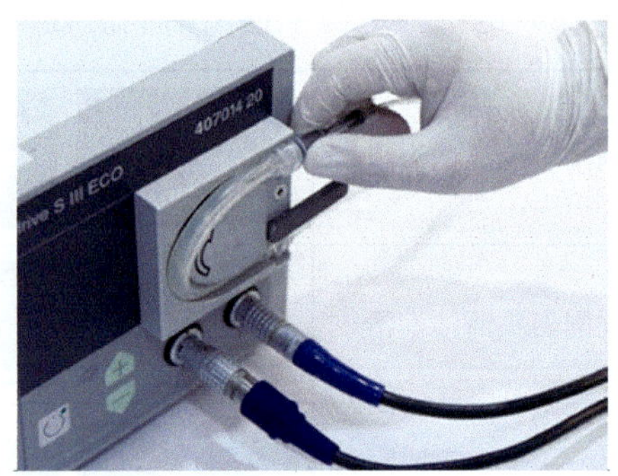


图 3-22　灌注管路安装

第三步：刨削手柄安装（图 3-23）。连接刨削手柄电缆线。安装刨削刀头。连接吸引管。连接灌注管。

第四步：INTRA 磨钻连接（图 3-24）。连接手柄与电机。安装钻头。安装冲洗装置。连接灌注管。

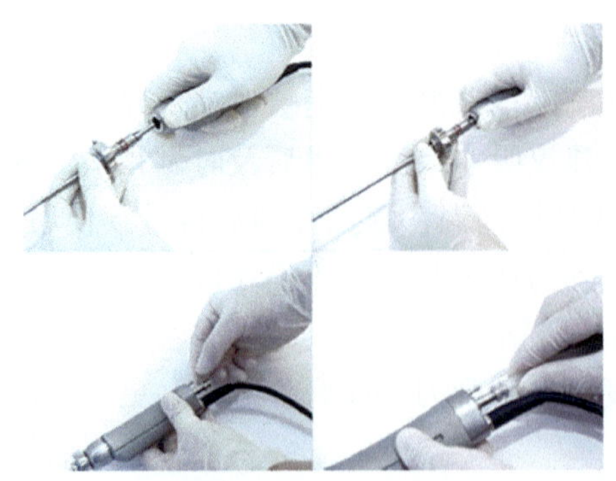

图 3-23　刨削手柄安装

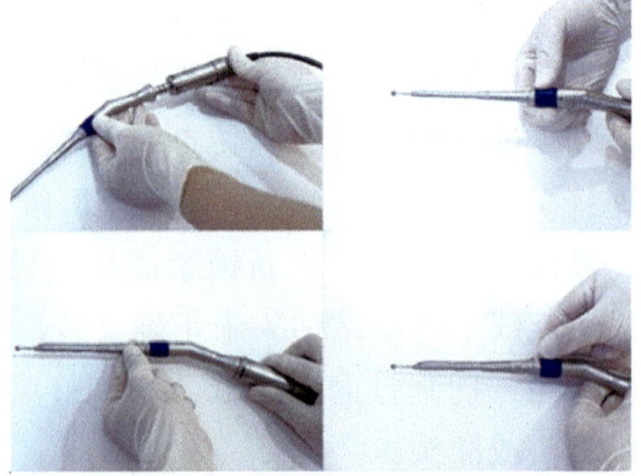

图 3-24　INTRA 磨钻连接

第五步：动力主机参数设定（图 3-25）。P0.1 电钻模式；P0.2 电钻模式。P1 往复刨削；P2 单向鼻窦钻。长按 M 按键选择 M1/M2，按“+”“－”调节转速。

第六步：多功能脚踏板操作（图 3-26）。左踏板：长踩启动灌流泵，短踩调节灌流泵流速。中间按钮：长踩切换 M1/M2 模式，短踩改变手柄旋转方向。右踏板：踩下启动手柄。

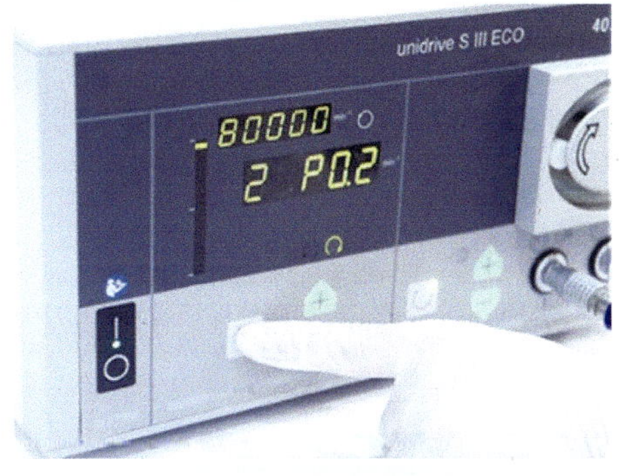


图 3-25　动力主机参数设定

图 3-26　多功能脚踏板

## （二）神外动力系统

1. 神外动力系统作用　医用神外动力系统主要用于脑部颅骨开窗及鼻颅底骨质打磨（图 3-27）。

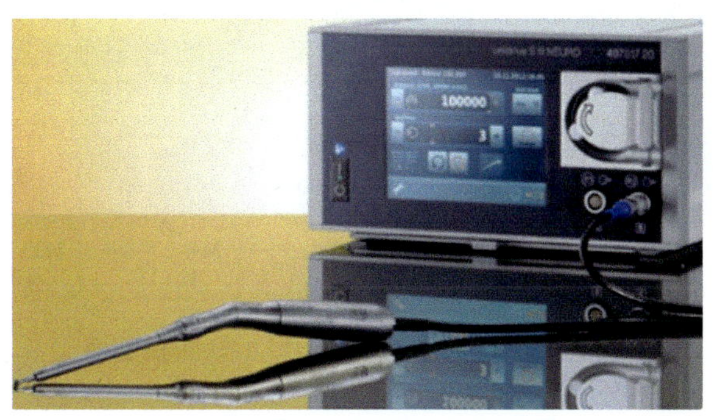


图 3-27　神外动力系统

2. 神外动力系统结构组成　Unidrive S Ⅲ NEURO 动力系统由主机、动力手柄、脚踏板等部分组成（图 3-28）。DRILL-CUT Ⅻ刨削手柄主要用于软组织切割，INTRA 电钻手柄主要用于骨质打磨，开颅钻手柄用于颅骨开窗。

（1）Unidrive S Ⅲ NEURO 主 机面板见图 3-29。

（2）动力主机外接设备：磨钻系统（图 3-30）、刨削系统（图 3-31）、开颅钻（图 3-32）、铣刀（图 3-33）。

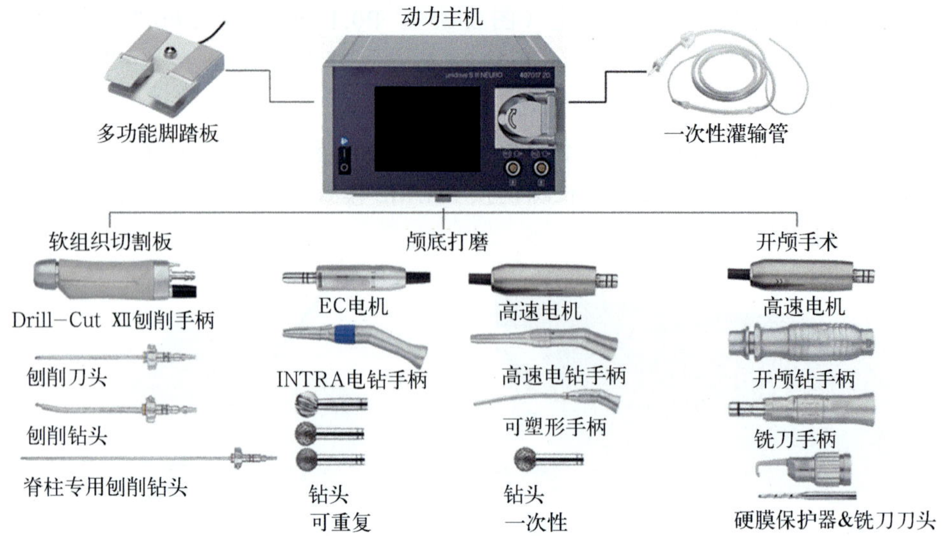


图 3-28　神外动力系统组成

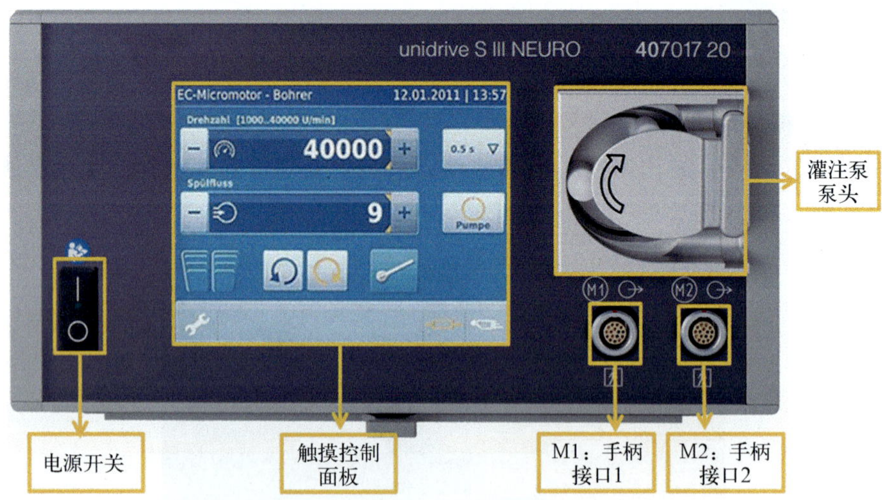


图 3-29　Unidrive S Ⅲ NEURO 主机面板

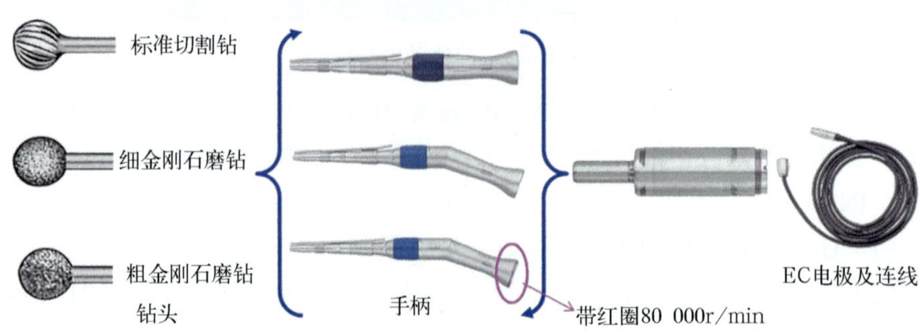


图 3-30　磨钻系统

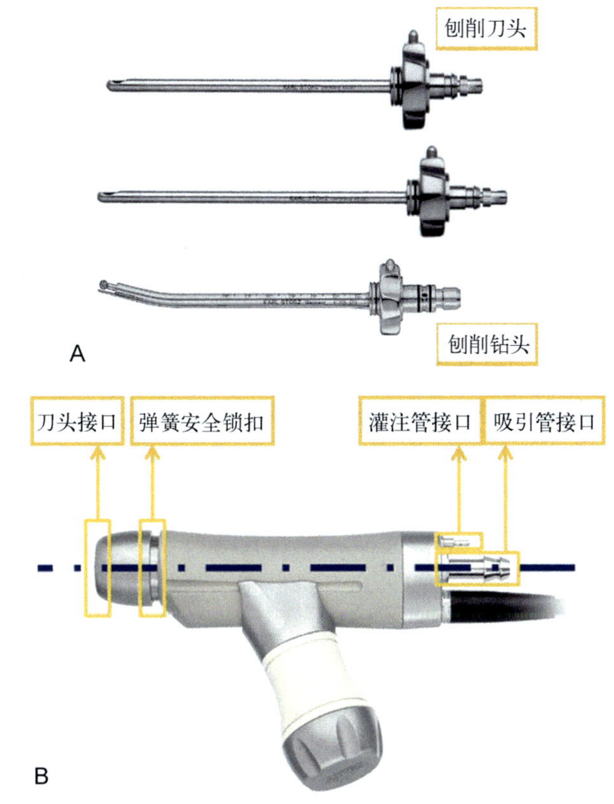


**图 3-31　刨削系统**

A. 刨削刀头和刨削钻头；B. 刨削手柄

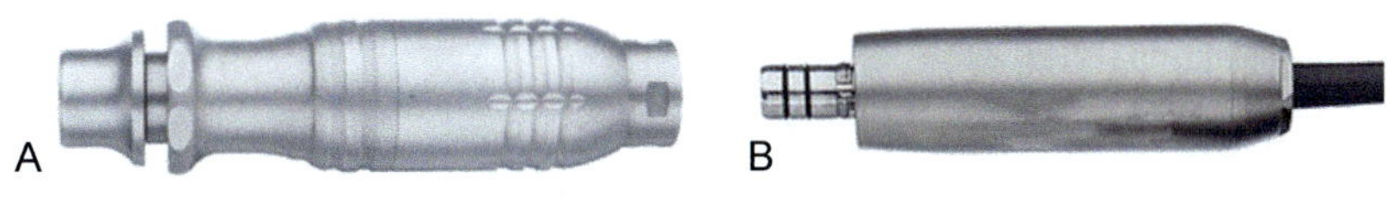


**图 3-32　开颅钻**

A. 开颅钻手柄；B. 高速电机及连线

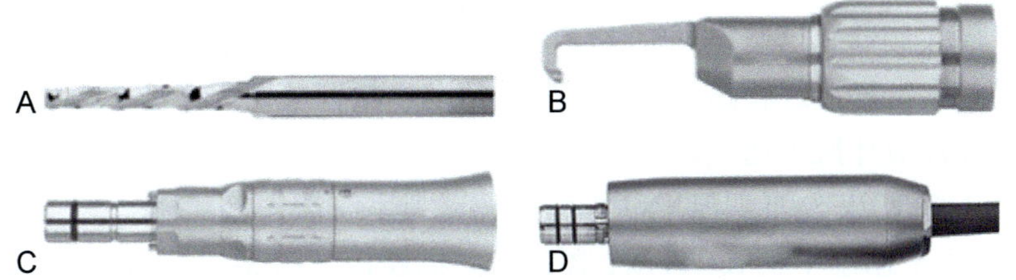


**图 3-33　铣刀系统**

A. 铣刀；B. 保护器；C. 铣刀手柄；D. 高速电机及连线

### 3. 神外动力系统使用注意事项

（1）术前：①检测刀头、钻头、铣刀及泵管是否有磨损，严重磨损时需要更换；

②建议调节转速在最高转速的 70% ～ 80%；③安装钻头、铣刀时一定要推手柄底部并锁紧，否则既影响性能又容易损坏手柄。

（2）术中：①电钻使用中，依靠钻头轻轻打磨切割骨质，不要过度侧向用力压迫钻头，可能造成内部轴承受力不均，进而导致损坏；②铣刀运转过程中，应该手柄垂直于切割面，可避免过快损耗；③刨削使用原则为贴、吸、切；④刨削手柄暂时不使用时，吸引无菌水，防止血凝固在手柄内，导致手柄故障。

（3）术后：①刨削手柄及电机不能超声清洗，不推荐浸泡灭菌；②在灭菌前，需使用专用润滑油对电机、手柄的轴承部分进行润滑保养；③所有可重复使用的动力相关手术器械（包括各款手柄、刀头、灌注管），均推荐使用预真空压力蒸汽法灭菌；④各款刨削手柄、电机灭菌后，需干燥后通电。

### 4. 神外动力系统常见故障与处理建议

（1）刨削刀头或磨头无法转动

1）刨削手柄或磨钻手柄被血渍、碎骨片等异物卡塞，可使用乙醇、除锈剂等浸泡。术中建议吸水清理，术后及时做预清洁处理。

2）马达或马达连线损坏，返厂维修。

3）马达高温，自然冷却后再继续使用。

4）灌注泵未锁住，重新锁紧灌注泵锁杆。

5）马达未和主机正确连接，重新插拔马达连线。

6）磨钻钻头未正确安装，重新安装钻头。

（2）切割打磨效率低，切割打磨速度慢

1）刨削刀头或磨头磨损，更换新刨削刀头或磨头。

2）刨削刀头内芯断裂。

3）避免刨削硬质骨质。

4）刀头应拆至最小化后清洗、润滑和灭菌，切勿组装在一起灭菌，易造成刀头内芯与外鞘相互吸附卡死，此时再用力扭转和拉拽内芯，就容易造成断裂。

（3）灌注泵不工作

1）灌注液储瓶已空，加灌注液。

2）管夹锁紧，或管路扭结，阻断了流动，松开管路夹子或平顺管路。

3）灌注液体瓶不通气。

### 5. UNIDRIVE S Ⅲ NEURO 神经外科动力系统操作流程

第一步：刨削手柄 &INTRA 磨钻和主机连接（图 3-34）。将马达连线插头对齐主机 M1 或者 M2 插孔。马达连线插头上红点对准主机插孔红点，平直插入，直至底部。

第二步：灌注管路安装（图 3-35）。拔下锁杆，按照箭头所示方向安装灌注管路。锁紧锁杆。

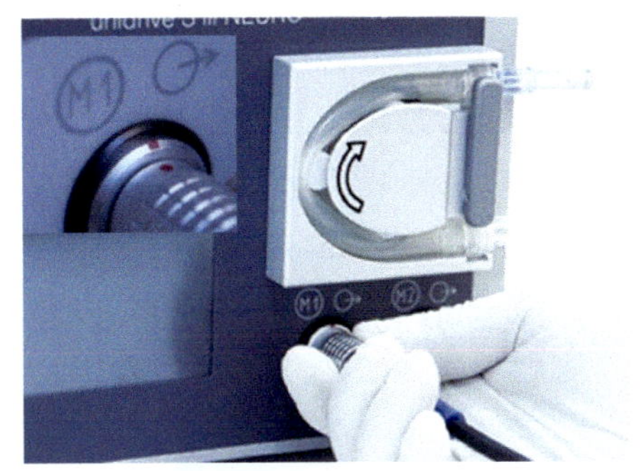

图 3-34 刨削手柄 &INTRA 磨钻和主机连接

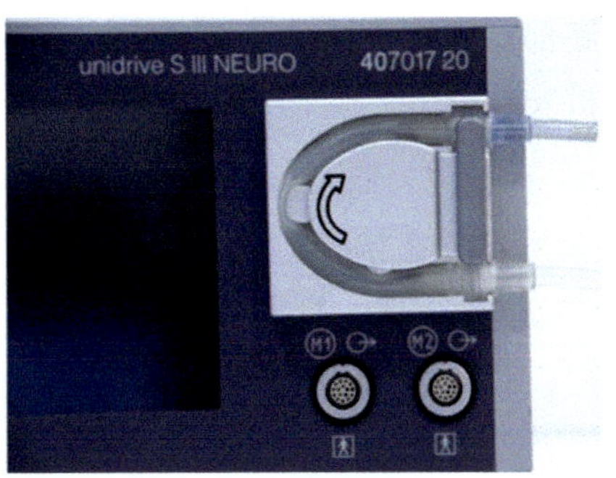


图 3-35 灌注管路安装

第三步：刨削手柄安装（图 3-36）。连接刨削手柄电缆线。安装刨削刀头。连接吸引管。连接灌注管。

第四步：高速电钻安装（图 3-37）。安装钻头，旋转卡盘至解锁位置。插入钻头后锁紧卡盘。将冲洗装置套入手柄。灌注管连接至冲洗装置。

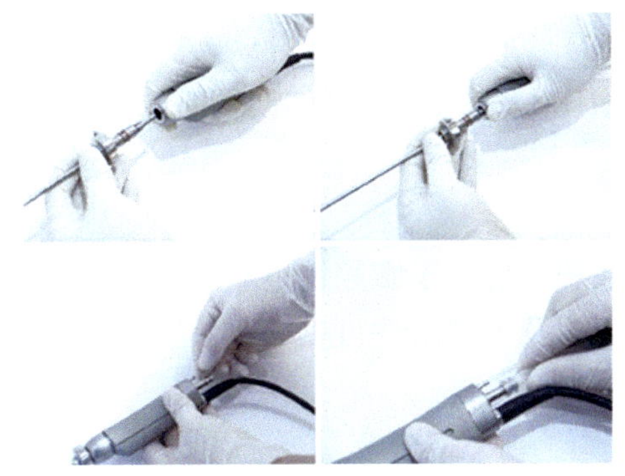

图 3-36 刨削手柄安装

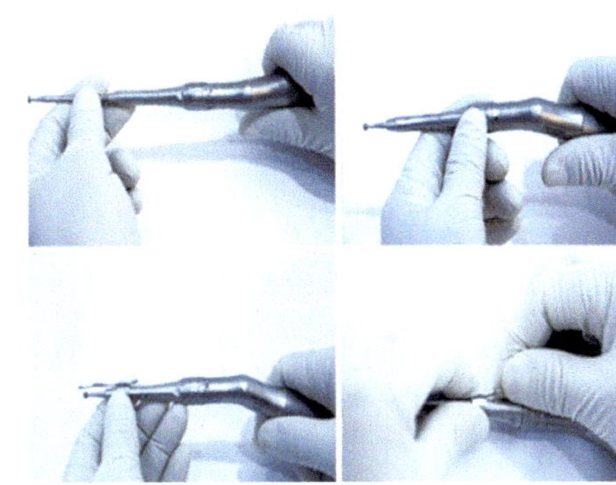

图 3-37 高速电钻安装

第五步：开颅钻安装（图 3-38）。将手柄插入高速电机底部并锁紧。开颅钻兼容第三方哈德森（Hudson）标准接口钻头。

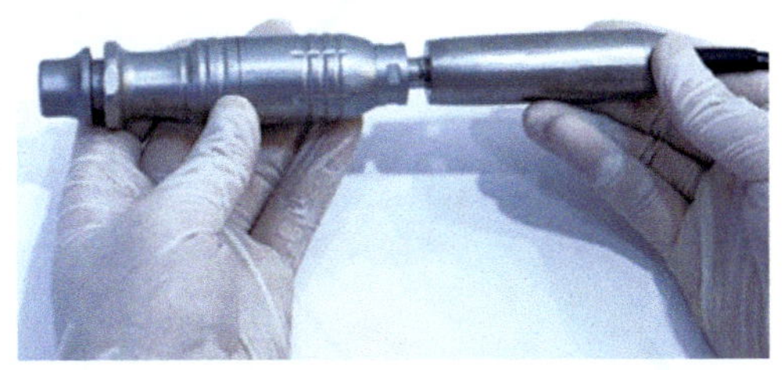

图 3-38 开颅钻安装

第六步：铣刀安装（图 3-39）。旋转手柄卡盘至解锁位置，将刀头插入手柄底部。旋转手柄卡盘至锁定位置锁紧刀头。安装铣刀保护器。将手柄与高速电机安装。

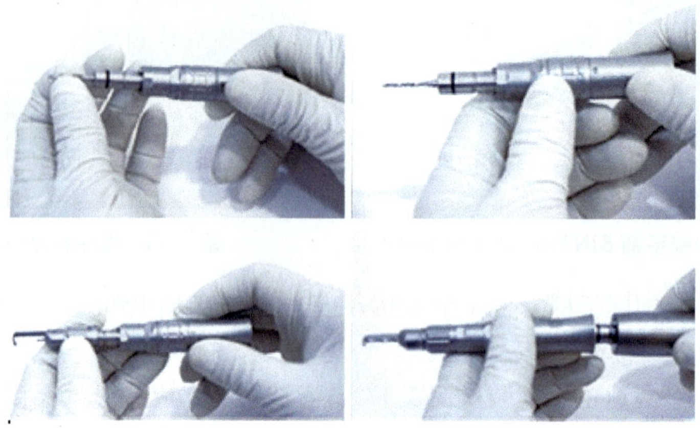

图 3-39 铣刀安装

第七步：多功能脚踏板操作（图 3-26）。左踏板：长踩启动灌流泵，短踩调节灌流泵流速。中间按钮：长踩切换 M1/M2 模式，短踩切换转向。右踏板：踩下启动刀头。

### （三）妇科动力系统

1. 妇科动力系统的作用　妇科动力系统主要用于腹腔镜下对已剥离的子宫肌瘤等病变组织进行粉碎，便于较大的肿瘤及子宫附件可以通过腹壁上的穿刺器孔洞取出体外（图 3-40）。

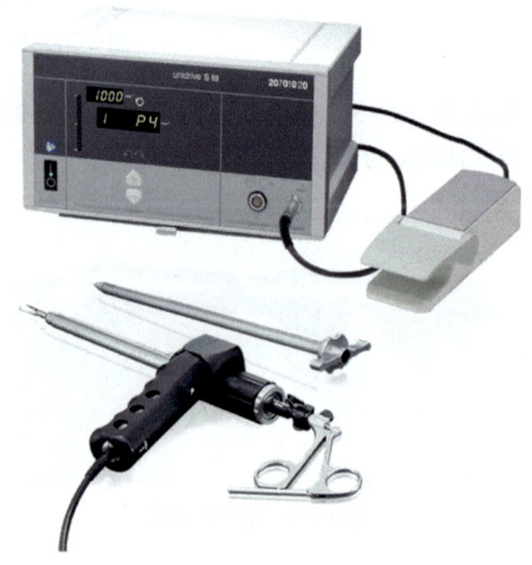


图 3-40 妇科动力系统

**2. 妇科动力系统结构组成**　妇科动力系统主要由动力系统主机、单踏板脚踏、高性能 EC 电机马达、操作手件、刀头、闭孔器，以及肌瘤抓钳等组成（图 3-41）。

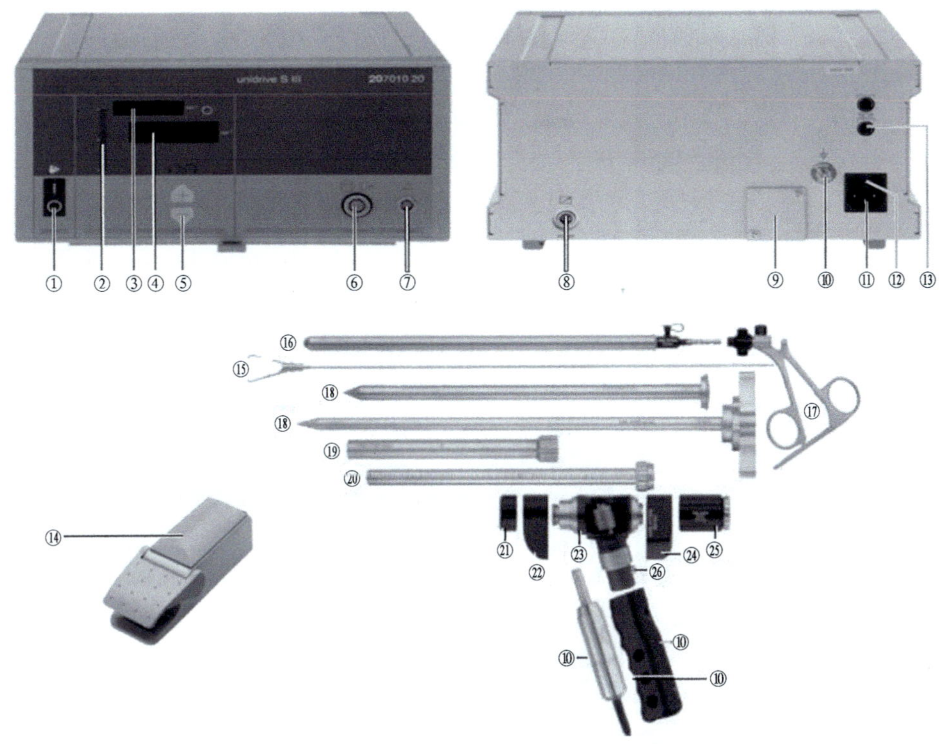


**图 3-41　妇科动力系统组成**

①主机电源开关；②实际 / 最大转速指示；③根据操作模式显示最大转速或错误码；④实际转速图标；⑤设定转速按钮；⑥ EC 电机接口；⑦脚踏板接口；⑧脚踏板连接口；⑨ USB 接口预留口；⑩等电位器；⑪电源插座；⑫电源保险丝；⑬ SCB 接口；⑭脚踏板；⑮单爪抓钳内芯；⑯单爪抓钳外套管；⑰抓钳手柄；⑱闭孔器（钝头 / 锥尖 / 螺纹）；⑲外鞘；⑳环状刀；㉑固定帽；㉒末端手件外壳；㉓齿轮；㉔中央手件外壳；㉕密封帽；㉖自锁按钮

手件组装流程见图 3-42。

**3. 妇科动力系统使用注意事项**

（1）术前

1）请确保切割刀头与手件安装牢固，EC 电机、连线与主机正确连接后再开机。

2）开机后主机自动识别为 P4 模式，转速为 150 ～ 1000r/min，转速可以调节，推荐设置最大转速为 300 ～ 650r/min。

3）安装刀头组件时需检查密封帽是否有破损，如有破损需更换，否则在手术过程中会出现气腹或漏气现象。

4）需检查切割刀头刀刃是否有明显钝化、磨损现象，如有以上现象，需更换新刀头，使用钝化刀头会造成切削效率降低并加重电机负荷，损坏电机。

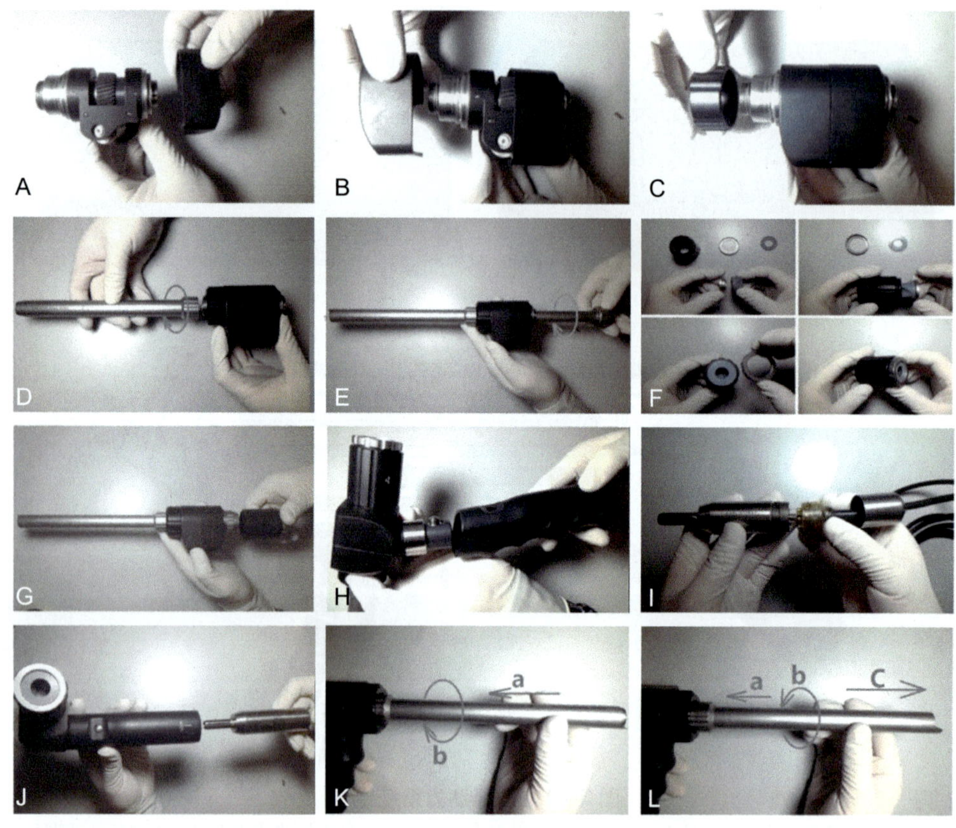


图 3-42　手件组装流程

A. 安装中央手件外壳（先安装标有型号的外壳）；B. 安装末端手件外壳；C. 安装固定帽；D. 安装外鞘（箭头标注的旋转方向为旋紧）；E. 安装环状刀（箭头标注的旋转方向为旋紧）；F. 密封帽组装；G. 安装密封帽；H. 安装粉碎器手柄；I. 安装马达与马达连线（把连线接头顶出后再与马达安装）；J. 马达与手柄安装（马达前端的凹槽与手柄 LOCK 对齐插入听到“咔”声即为安装成功）；K. 当工作时需要把粉碎器刀管伸出鞘管外部防止刀管误伤到人体组织（图示中 a、b 箭头方向所示）；L. 粉碎器在退出人体前需把刀管退到鞘管内部（图示中 a、b、c 箭头方向所示）

（2）术中

1）抓钳夹起组织切割时务必使抓钳钳口开口宽度（图 3-43 示 a 的距离）小于碎刀的内径，否则会损坏粉碎刀和抓钳。

2）使用过程中，如出现切削组织堵塞刀头内部的情况，此时主机屏幕会提示 E19 并报警，这时需完全拆卸刀头并清理刀头内部再次安装好后使用。

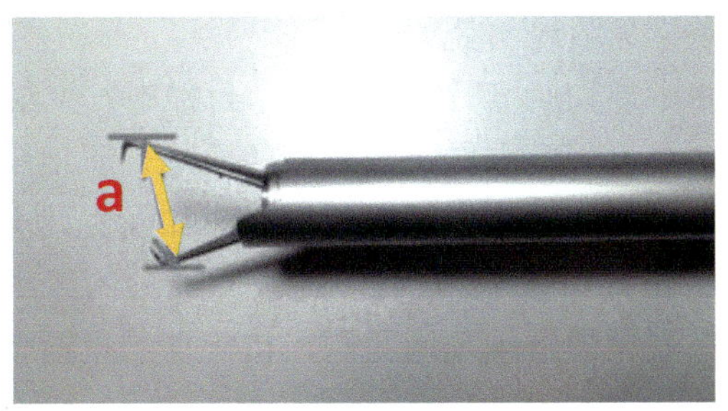


图 3-43　抓钳钳口开口宽度

（3）术后

1）使用完成后拆卸电机时，应先拆卸粉碎器的手柄，然后再从上端把马达顶出，而不能直接拉拽电机连线（图 3-44）。

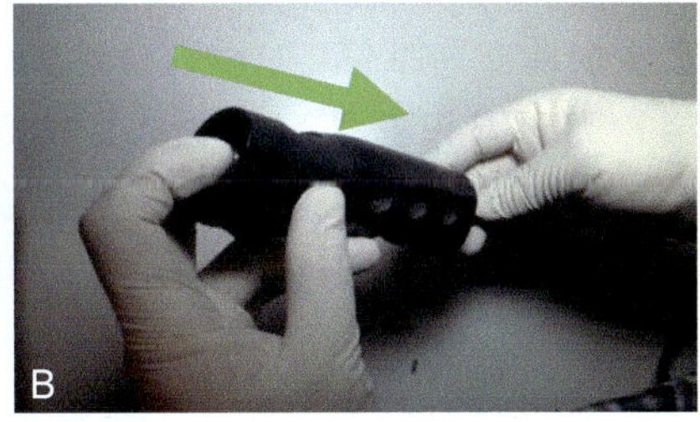


图 3-44　拆卸电机的方法

2）定期对粉碎器的工作齿轮及电机做润滑、清洁及保养，以延长产品的使用寿命（建议在喷完润滑油后空载运转几分钟使之达到保养最佳效果）（图 3-45）。

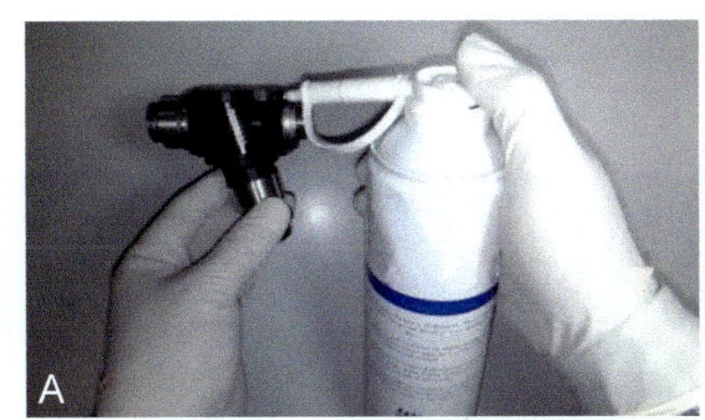

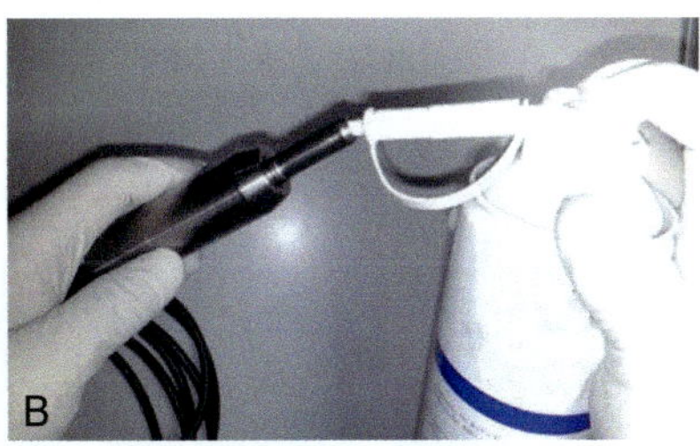


图 3-45　对粉碎器的工作齿轮及电机做润滑、清洁及保养

3）工作结束后，从粉碎器上取下抓钳、环状刀密封帽外套管马达阀，用清水和软毛刷清洗后，再用去离子水冲洗，冲洗完成后，用气枪吹干，整个清洗过程不要弯折马达连线。

4）使用完毕，组织粉碎器工作手件务必进行彻底分解清洗，尤其是密封帽部；组织粉碎器附件、EC 电机、连线缆可以采用预真空高温高压蒸汽灭菌或还氧乙烷气体灭菌。

### 4. 妇科动力系统常见故障与处理建议

（1）SuperCut 术中旋切肌瘤时在十字形密封帽中发生组织嵌顿。

这一情况的发生很大程度上取决于肌瘤的质地，质地较软的肌瘤旋切过程中容易发生断裂，特别是通过十字形密封帽时。如发生此类情况可把密封帽拧下（此时需堵住密封帽接口以免漏气），并去除嵌顿的组织后重新安装；或使用抓钳或闭孔器，将嵌顿的组织顶回腹腔，待旋切结束后使用抓钳一并将肌瘤碎片组织取出。

（2）马达停转，提示 E19 错误：①旋切器齿轮组卡顿，可做润滑处理；②马达连线未正确连接，可重新连接马达线；③马达损坏，需更换；④旋切器被粉碎组织堵塞，可清除堵塞组织；⑤马达过热，可自然冷却后再使用；⑥避免旋切质地坚硬组织。

（3）脚踏板无法控制：①脚踏板连线未正确连接，可重新连接脚踏板数据线；②脚踏板损坏，需维修。

（4）旋切刀头变钝：①肌瘤抓钳在未闭合情况下从旋切器中移除，刀头损坏，需更换新刀头，术中禁止肌瘤抓钳在未彻底闭合的状态下移除；②旋切器切割硬质组织，刀头易被磨损，可更换新刀头，避免旋切非肌瘤组织的硬质组织。

（5）旋切器刀头不工作：①马达未正确安装，可重新装配马达；②旋切器卡死，可重新装配旋切器，润滑齿轮组；③马达连线未正确连接，可重新连接马达连线。

### 5. 妇科动力系统操作流程

第一步：组织粉碎器安装（安装密封系统）（图 3-46）。装配十字密封圈与连接器。十字密封圈放入密封器。安装中空密封圈。旋紧固定螺帽。

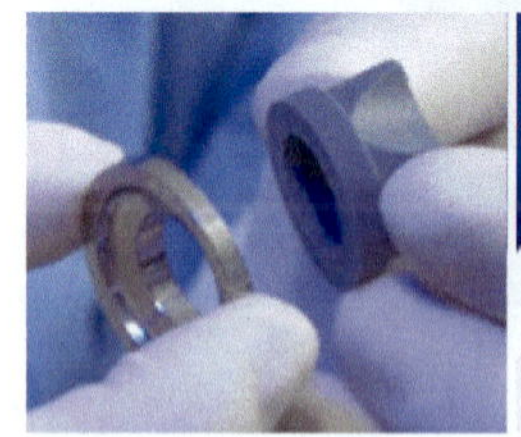 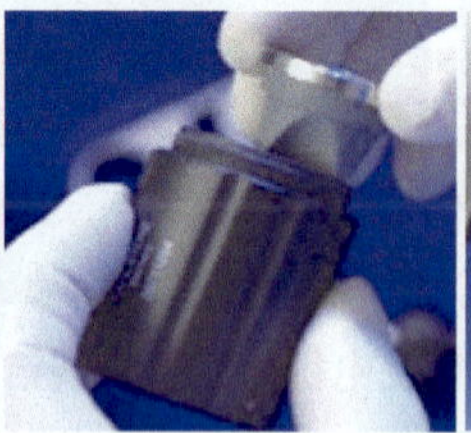  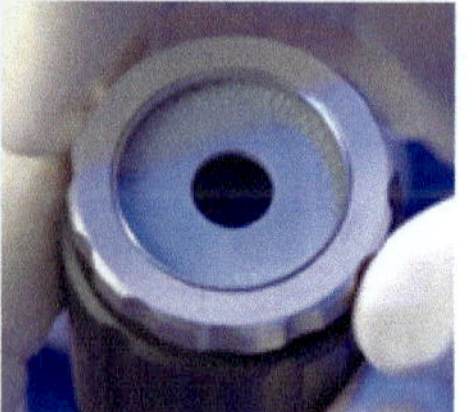

**图 3-46　组织粉碎器的安装——安装密封系统**

第二步：组织粉碎器安装（手柄装配）（图 3-47）。安装齿轮保护盖（左右两边）。固定旋转螺帽。

第三步：组织粉碎器安装（安装刀头和外鞘）（图 3-48）。安装保护鞘。安装刀头（逆时针旋转锁紧，即沿 Lock 方向旋转）。

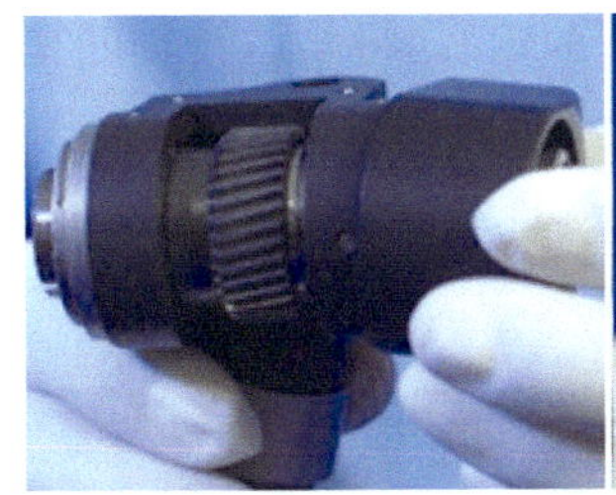
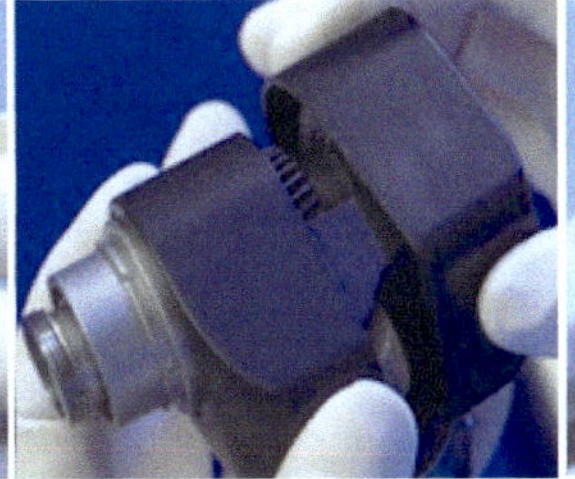
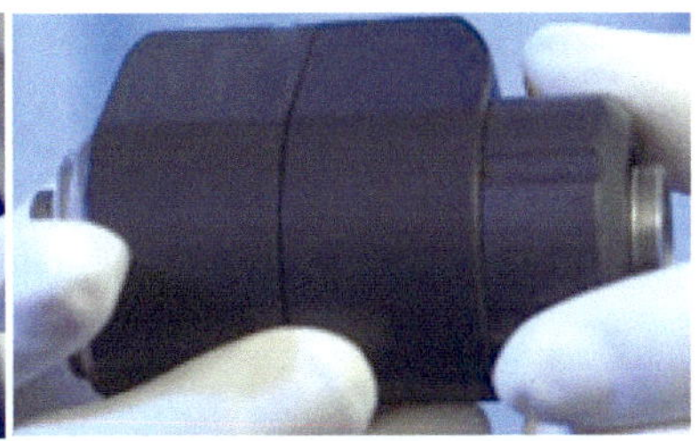

图 3-47　组织粉碎器的安装——手柄装配

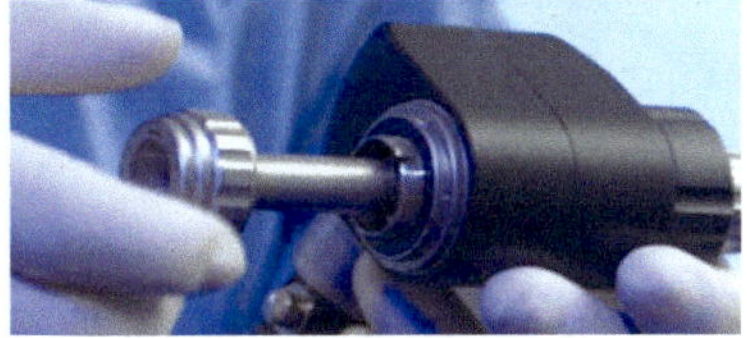

图 3-48　组织粉碎器的安装——安装刀头和外鞘

第四步：组织粉碎器安装（安装密封器）（图 3-49）。密封器和齿轮盒连接。顺时针锁紧。

第五步：组织粉碎器安装（安装手柄）（图 3-50）。手柄插入齿轮盒连接处，确保安全钮正常弹起。

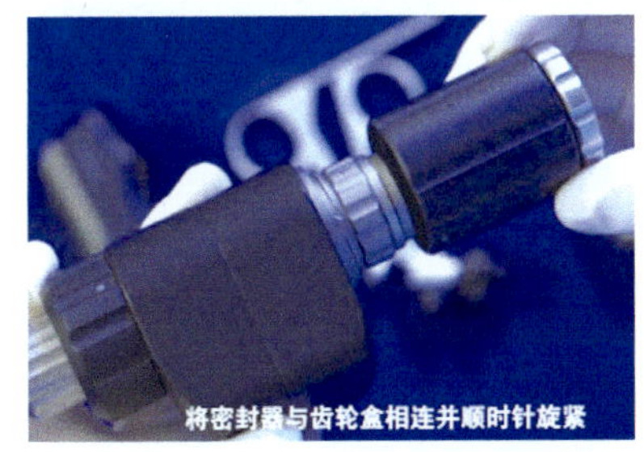


图 3-49　组织粉碎器的安装——装安密封器

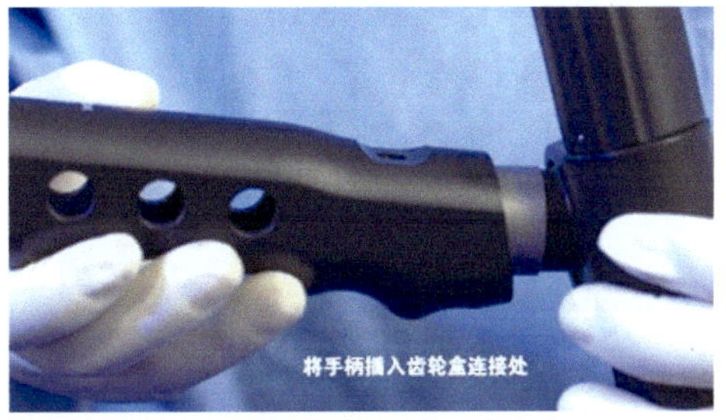


图 3-50　组织粉碎器的安装——安装手柄

第六步：组织粉碎器安装（装配马达与连线）（图 3-51）。马达连线的 3 个插针和马达的 3 个接线柱对齐连接。将马达连线外盖扣紧马达后旋紧。

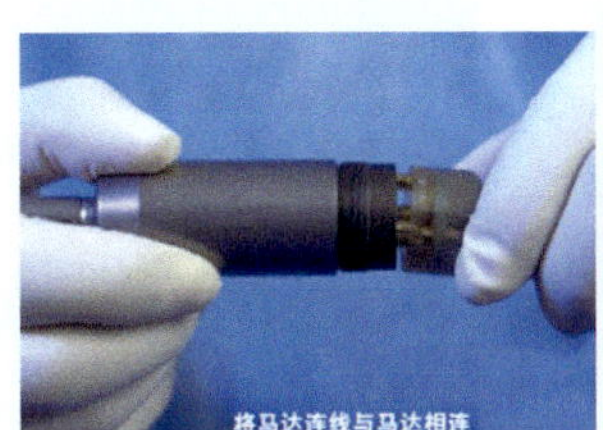

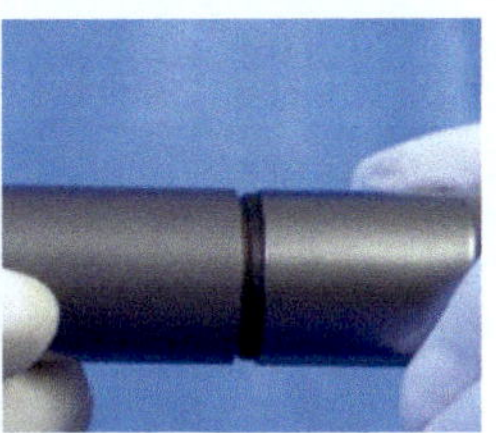

图 3-51　组织粉碎器安装——装配马达与连线

第七步：组织粉碎器安装（装配马达与手柄）（图 3-52）。将马达转轴凹槽对准手柄 Lock 标识，平直插入组织粉碎器手柄当中，直至底部。

第八步：组织粉碎器和设备连接（图 3-53）。将马达连线插头对齐主机 M1 插孔。马达连线插头上红点对准主机插孔红点，平直插入，直至底部。

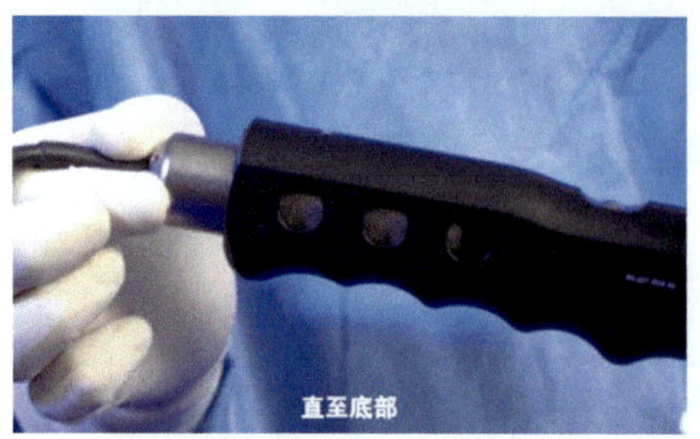


图 3-52　组织粉碎器安装——装配马达与手柄

图 3-53　组织粉碎器和设备连接

第九步：连接脚踏板（图 3-54）。脚踏板连线插头对齐动力主机脚踏板插口。脚踏板连线插头上红点对准主机接口红点，平直插入，直至底部。

第十步：打开动力主机开关（图 3-55）。按下动力主机开关按键（“竖道”按钮为开关按键）。

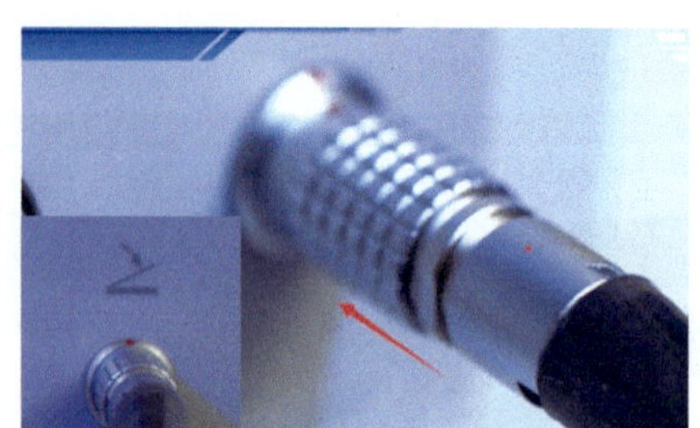

图 3-54　连接脚踏板

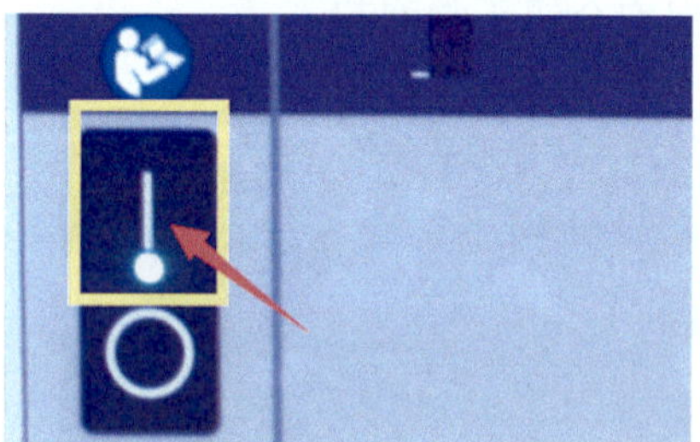

图 3-55　打开动力主机开关

第十一步：调整主机参数（P4 模式，650r/min）（图 3-56）。控制动力主机加减按键，将马达转速调整到 650r/min。

第十二步：体外测试组织粉碎器（图 3-57）。轻踩脚踏板开关，测试马达旋转顺畅。

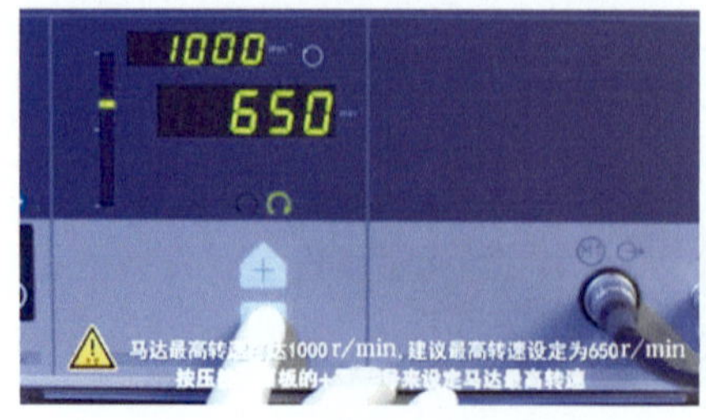


图 3-56　调整主机参数

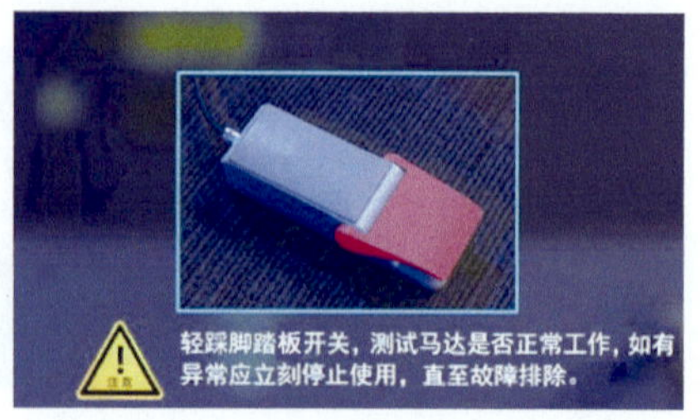


图 3-57　体外测试组织粉碎器

第十三步：释放保护鞘，安装闭孔器（图 3-58）。将保护鞘释放，保护刀头。将闭孔器插入组织粉碎器。

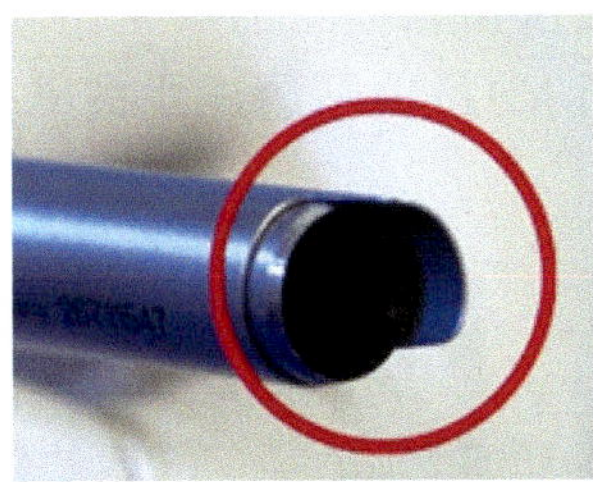
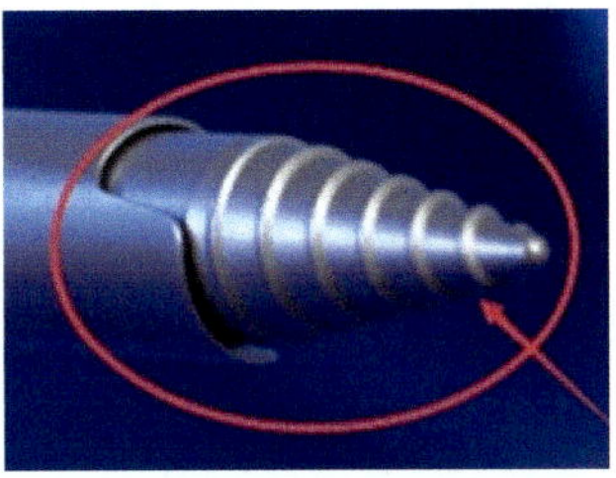

图 3-58　释放保护鞘，安装闭孔器

第十四步：旋转闭孔器，将组织粉碎器刀头置入患者体内（图 3-59）。从患者切口置入组织粉碎器。顺时针旋转闭孔器，将刀头置入患者体内。

第十五步：旋切肌瘤（图 3-60）。用肌瘤钳夹持肌瘤，钳口确保夹闭。踩脚踏板开关，旋转刀头，将肌瘤组织旋切出体外。

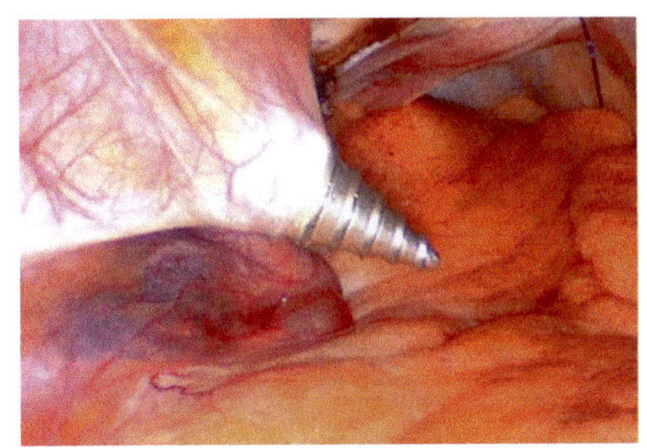

图 3-59　旋转闭孔器，将组织粉碎器刀头置入患者体内

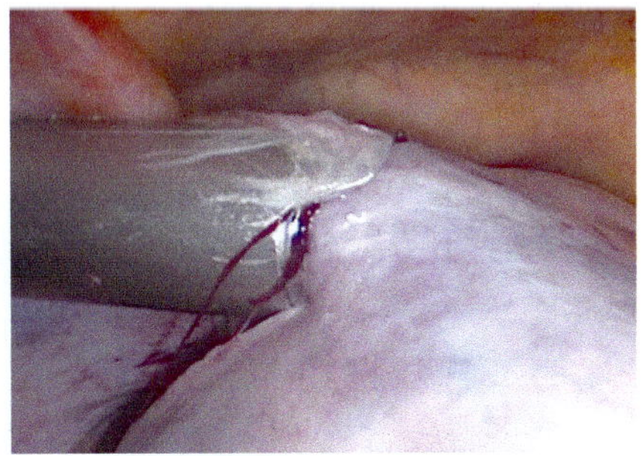

图 3-60　旋切肌瘤

第十六步：关闭主机开关（图 3-61）。关闭动力主机电源开关。

第十七步：组织粉碎器与主机分离（图 3-62）。握住马达连线插头根部从主机上平直拔除。

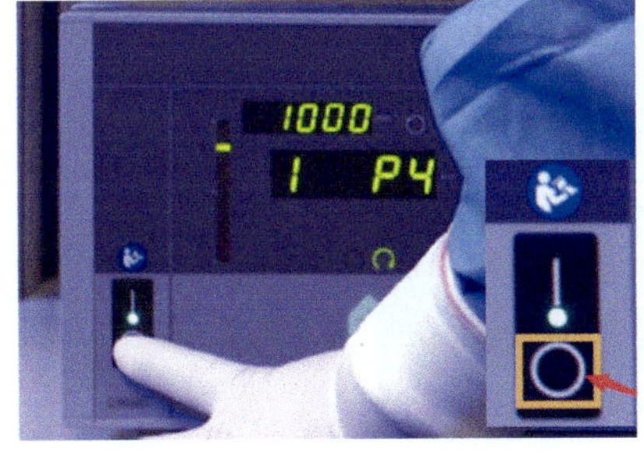


图 3-61　关闭主机开关

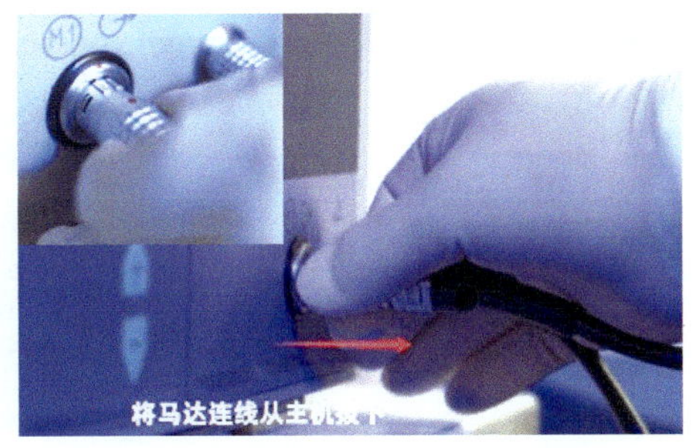


图 3-62　组织粉碎器与主机分离

第十八步：断开脚踏板连线（图 3-63）。握住脚踏板连线插头根部从主机上平直拔除。

第十九步：拆卸手柄（图 3-64）。按压齿轮盒上的安全钮。将手柄从齿轮盒上平直拔除。将马达从手柄中顶出（切勿拉拽马达连线拔出）。将马达连线外盖逆时针旋转，从马达上分离。

图 3-63　断开脚踏板连接

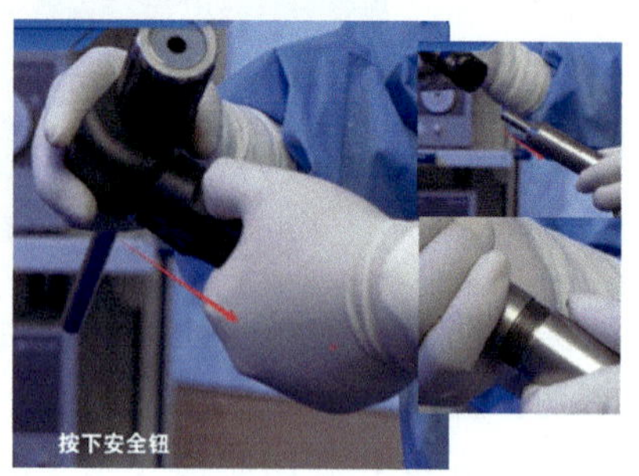


图 3-64　拆卸手柄

第二十步：拆卸密封环（图 3-65）。将密封环逆时针旋转，平直拔出。

第二十一步：拆卸环状刀（图 3-66）。将环状刀头沿 Lock 反方向旋转松开并平直移除。

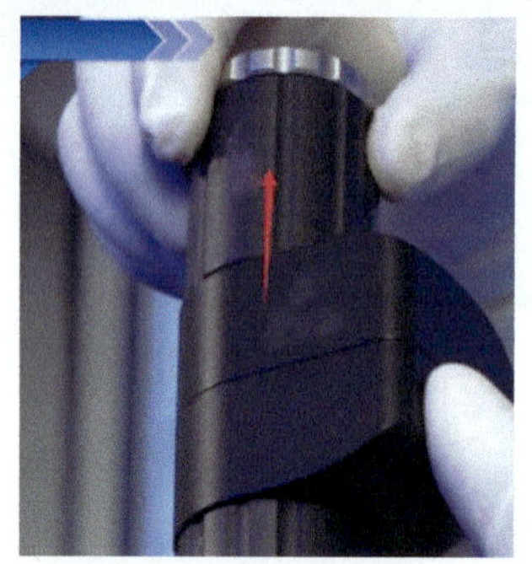

图 3-65　拆卸密封环

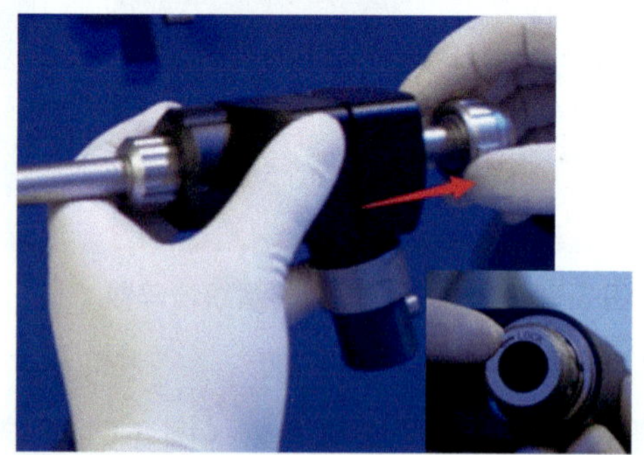

图 3-66　拆卸环状刀

第二十二步：拆卸保护鞘（图 3-67）。将保护鞘逆时针旋转松开并平直移除。

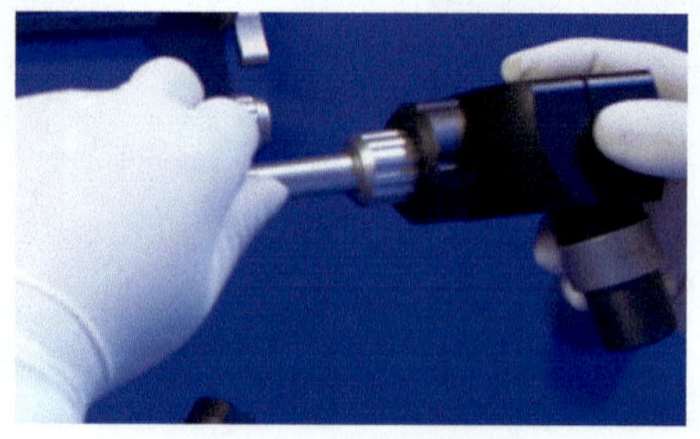

图 3-67　拆卸保护鞘

第二十三步：拆卸齿轮盒（图 3-68）。将螺帽逆时针旋转松开并平直移除。将齿轮盒左右外盖拆开。

图 3-68　拆卸齿轮盒

### （四）骨科动力系统

**1. 骨科动力系统的作用**　医用骨科动力系统主要用于关节处骨质打磨、钻孔、软组织刨削等手术操作（图 3-69）。

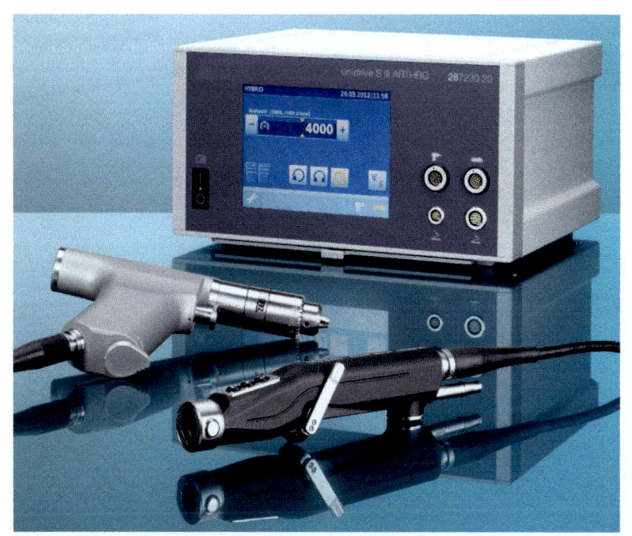


图 3-69　骨科动力系统

**2. 骨科动力系统结构组成**　骨科动力系统包括动力主机、刨削手柄、多功能手柄、双踏板脚踏开关或三踏板脚踏开关等（图 3-70）。本系统适用于关节内窥镜外科手术中膝关节、肩关节、踝关节、肘关节、腕关节、髋关节、颞下颌关节的骨头及组织的切除、刨削、研磨。

（1）骨科动力系统主机面板：见图 3-71。

（2）骨科动力系统外接设备器械：包括刨削系统（图 3-72）、骨钻系统（图 3-73）、摆锯系统（图 3-74）。

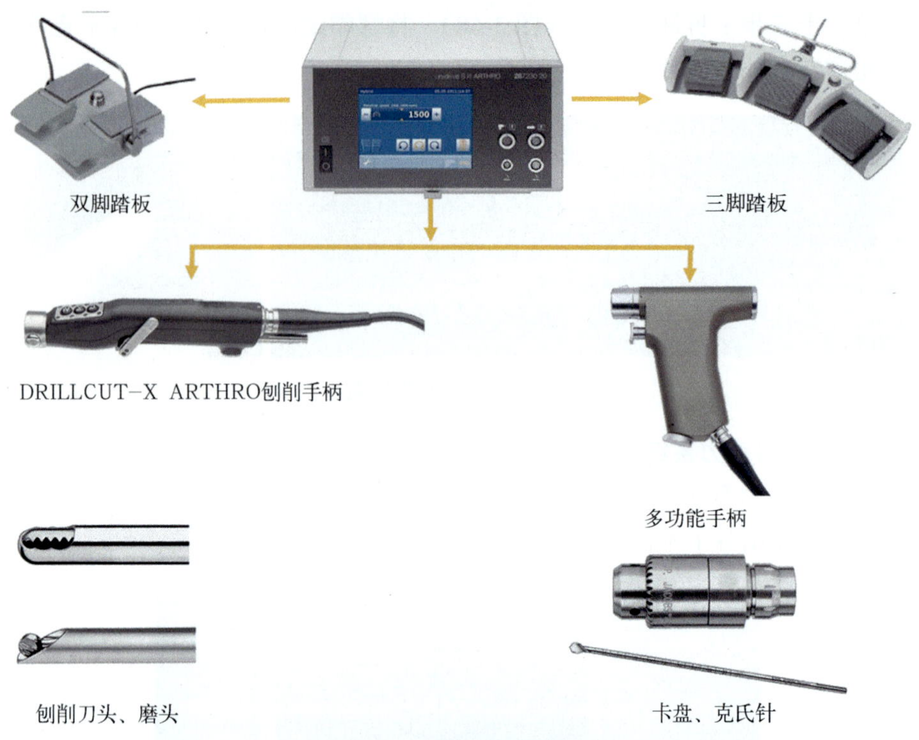


图 3-70　骨科动力系统组成

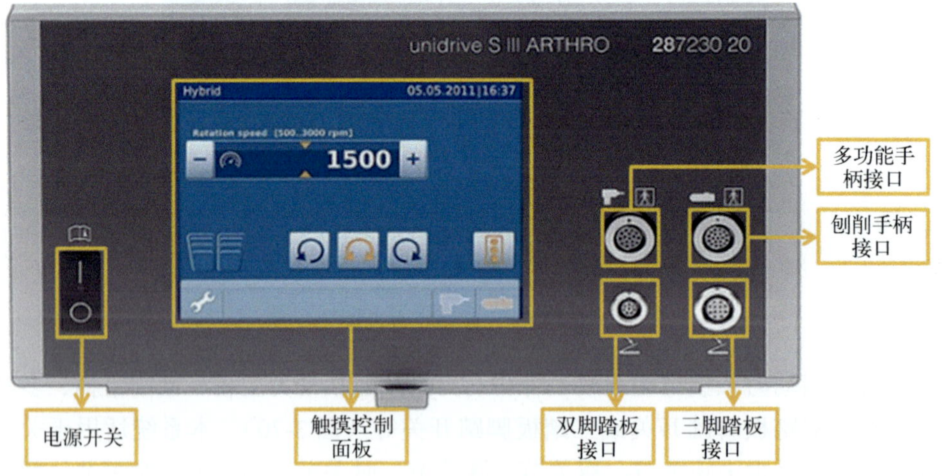


图 3-71　骨科动力系统主机面板

### 3. 骨科动力系统使用注意事项

（1）术前

1）检查刀头、钻头，如有变形、损坏、老化应及时更换。

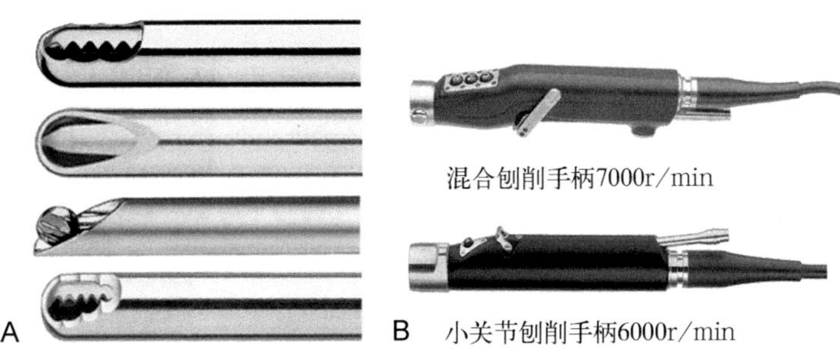


**图 3-72　刨削系统**

A. 刨削刀头、磨头；B. 刨削手柄

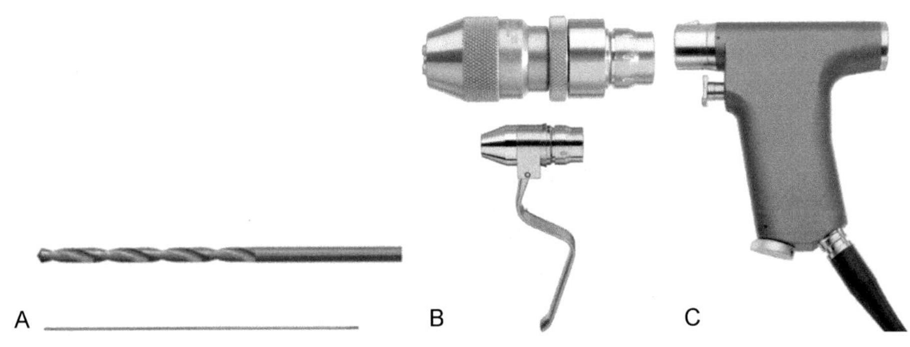


**图 3-73　骨钻系统**

A. 钻头、克氏针；B. 不同直径的卡盘；C. 多功能手柄

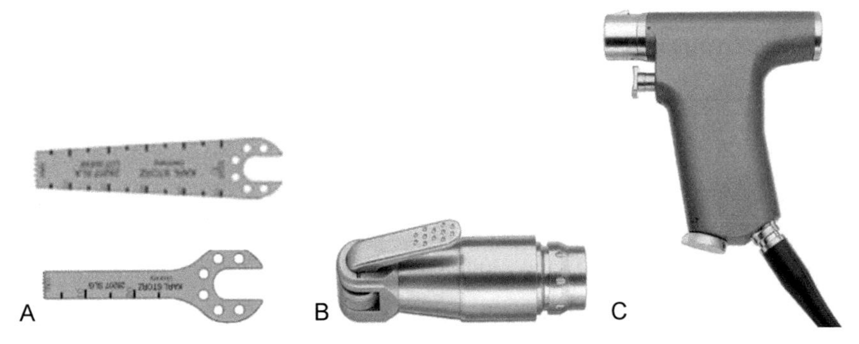


**图 3-74　摆锯系统**

A. 摆锯片；B. 摆锯卡盘；C. 多功能手柄

2）将刀头、钻头正确连接手柄，注意手柄连线插头的红点要和主机接口的红点对应，握住金属部分直插直拔，并确认已经稳固连接。

3）手柄连接主机后，注意正确切换相应的手柄模式，方可进行手术操作。

（2）术中

1）适当调节最高转速，建议将工作最高转速设定为系统最高转速的 80%。

2）术中间歇式使用，防止电机过热。

3）使用间隙应将刨削刀头置于无菌水中，利用负压吸引冲洗吸引通道，防止污物附着。

4）术中发生堵塞或卡顿，可以用注射器从刨削窗口冲洗，及时清理排出的污物。

5）手术中防止刀头打到内窥镜，造成内窥镜损坏。

（3）术后

1）及时、彻底清洁各部件，防止结痂。

2）刨削手柄、连线禁止浸泡，不建议用超声波进行清洗。

3）清洁干燥后使用专用润滑油，对手柄、刀头进行润滑保养。

4）建议使用预真空高温高压灭菌。

（4）专用清洁润滑油推荐：所有科室，所有动力系统的电机马达或手柄都推荐使用专用清洁润滑油（图 3-75）。

## 4. 骨科动力系统常见故障与处理建议

（1）马达停转，报错 E13 或 E19：①刨削手柄或磨钻手柄堵塞，清理堵塞组织；②马达过热，自然冷却后继续使用；③马达损坏，返厂维修。

（2）脚踏板失灵：①脚踏板连线重新连接；②脚踏板损坏，返厂维修。

| 产品图片 | 产品编号 | 产品名称 | 备注 |
| --- | --- | --- | --- |
|  | 280052B | 清洁润滑油（500ml） | 不带喷嘴，只有喷灌 |
|  | 280052C | 喷头 |  |
|  | 280052 | 润滑油套装 | 6 瓶 280052B 润滑油和 1 个 280052C 喷嘴 |
| 警告：禁止使用 WD-40 润滑油替代专用清洁润滑油！！！ | | | |

图 3-75　专用清洁润滑油推荐

## 5. UNIDRIVE S Ⅲ ARTHRO 骨科动力系统操作流程

第一步：脚踏板安装（图 3-76）。将脚踏板连线插头红点对准主机脚踏板插孔红点平直插入，直至底部。

第二步：刨削手柄及多功能手柄和主机连接（图 3-77）。将刨削手柄连线插头对齐主机右侧插孔（多功能手柄连接主机左侧插孔）。连线插头上红点对准主机插孔红点，平直插入，直至底部。

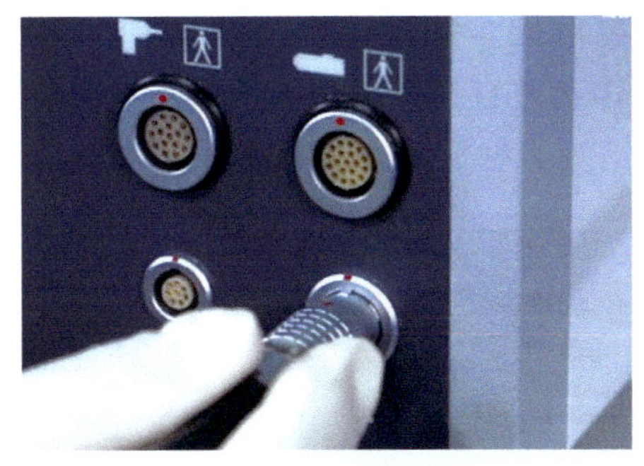

图 3-76　脚踏板安装

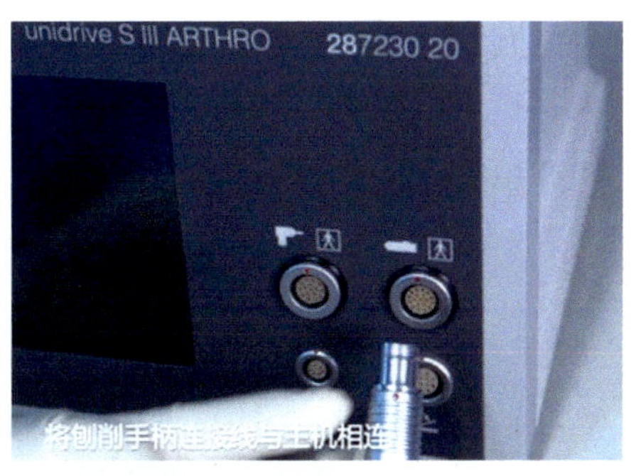


图 3-77　刨削手柄及多功能手柄和主机连接

第三步：刨削手柄安装（图 3-78）。刨削刀头内芯插入外鞘直至底部，手动旋转检测是否顺畅。逆时针旋转刨削手柄卡口，平直插入刨削刀头，直至底部。释放刨削手柄卡口，锁紧刨削刀头。连接吸引管。

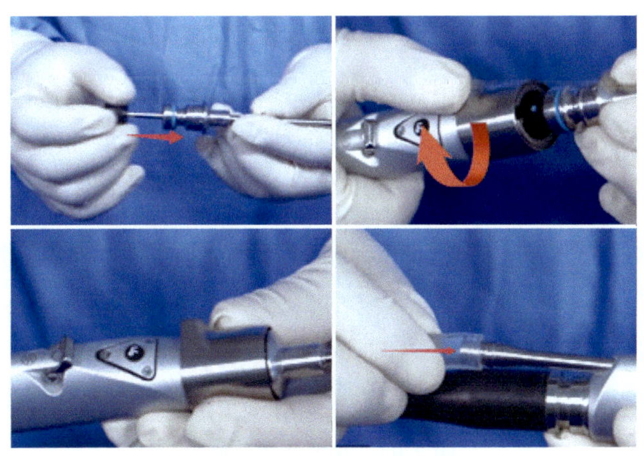

图 3-78　刨削手柄安装

第四步：刨削手柄物理按键激活（图 3-79）。在屏幕上激活刨削手柄按键 ，刨削手柄上的物理按键才能使用。

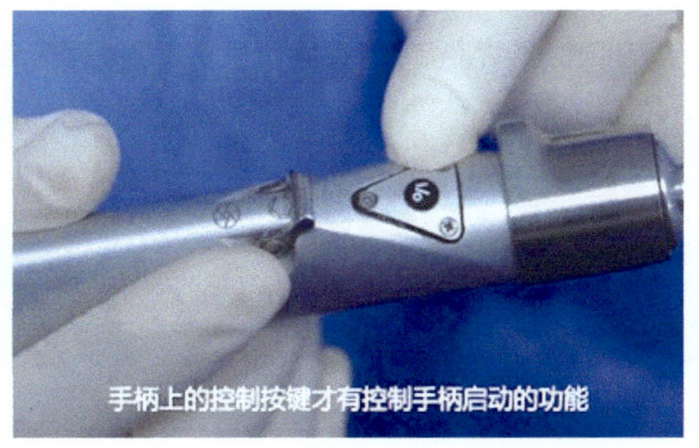


图 3-79　刨削手柄物理按键激活

第五步：多功能手柄安装（摆锯及钻头）（图 3-80）。按下矢状锯卡盘压板，将矢状锯平直插入，释放压板。将矢状锯卡盘平直插入多功能手柄。将钻头平直插入钻头卡盘，用钥匙将卡盘锁紧。将钻头卡盘平直插入多功能手柄。

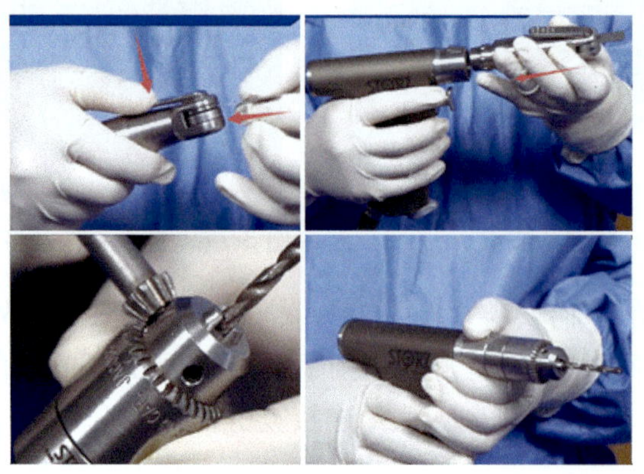

图 3-80　多功能手柄安装

第六步：多功能手柄使用（图 3-81）。钻头转速和开关按键的按压深度成正比。多功能手柄最下方控制转盘有 3 个挡位。① FWD：正向旋转；② OFF：关闭多功能手柄，激活刨削手柄；③ REV：反向旋转。

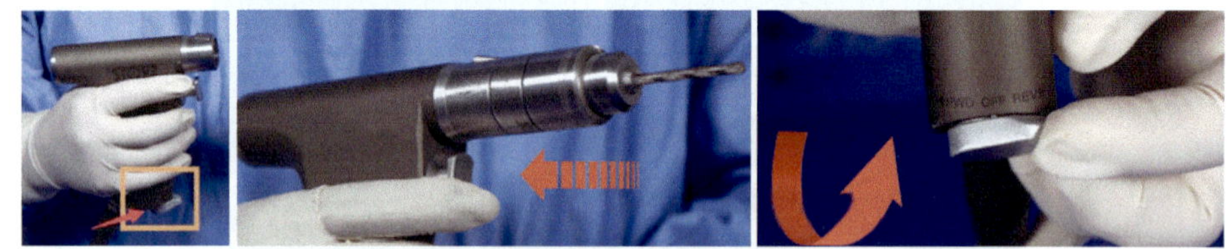

图 3-81　多功能手柄使用

第七步：参数设定（图 3-82）。刨削转速设定在 2500r/min 左右。多功能手柄转速设定在 1500r/min 左右（接钻头）。建议设定工作转速为最高转速的 80% 左右。

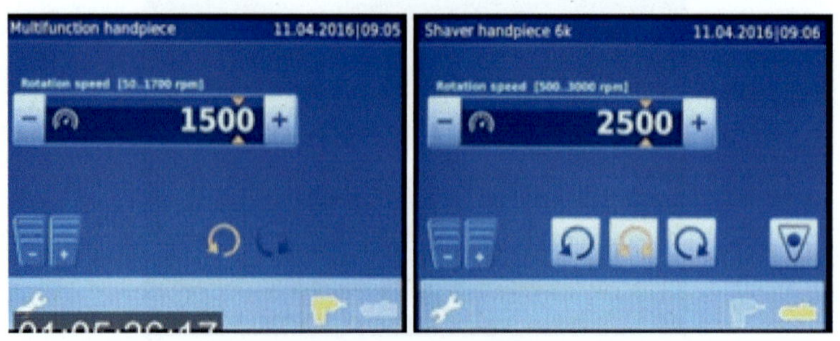


图 3-82　参数设定

第八步：多功能脚踏板操作（接刨削手柄）（图 3-83）。左踏板：踩下后刨削刀头向左侧旋转。中间按钮：短踩中间按键后屏幕左下方脚踏图标将出现加减号，踩踏左键降低转速，踩踏板右键增加转速，再短踩中间按键后保存参数。右踏板：踩下后刨削刀头向右侧旋转。同时踩踏板左右踏板：刨削刀头左右往复旋转。

第九步：多功能脚踏板操作（接多功能手柄）（图 3-84）。中间按钮：短踩中间按键后屏幕下方脚踏板图标将出现增减按号，左脚踏板踩下将降低设定转速，右脚踏板踩下将增加设定转速，再短踩中间按键保存参数。

图 3-83　多功能脚踏板操作（接刨削手柄）

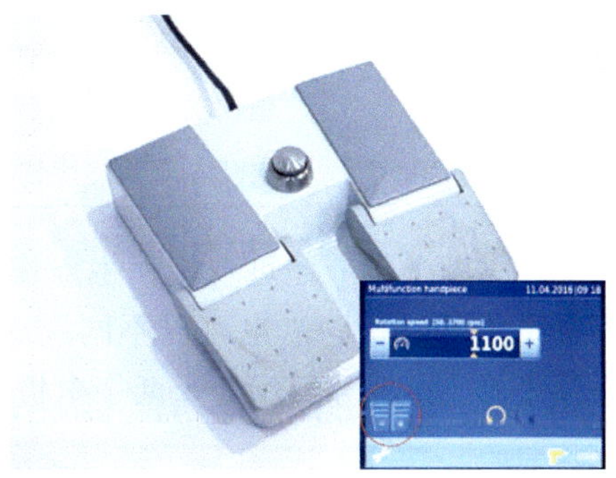


图 3-84　多功能脚踏板操作（接多功能手柄）

## 第二节　能量平台系统

### 一、能量平台描述

#### 高频外科手术原理

1. 生物组织中或多或少都含有高浓度电解质，使之成为良导体，从而可以通过电外科方法进行处置。因此，利用高频电流的热效应可以对组织进行分离（切割）及凝固 [ 组织的干燥除湿和（或）止血 ]。

2. 电切：分离（切割）组织时，组织的细胞质气化蒸发，形成蒸气压力，细胞撕裂及逸出蒸气的压力会使电极绝缘。如果电压足够高，电极和组织之间会产生电弧放电，形成电流。电流热效应可导致组织分离并形成表皮脱落，但是效果要取决于电弧的大小。产生电弧放电所要求的电压约为 200V。如果所使用的电压大于 500V，电弧释放出的能量会持续形成脱落。

3. 电凝：在凝固生物组织时，需要加热到约 70℃，为了防止电流引起组织的分离，电源及所产生的热量都是特定的，以形成组织的变性。生物组织中形成的热效应，取决于温度情况，温度对组织的损伤情况见表 3-2。

4. 单极操作：通过单极操作，电流从小面积表面带电电极流到大面积表面不带电电极或中性电极。患者身体成为闭环电路的一个组成部分，在带电电极处进行组织的分离和凝固（图 3-85A）。

表 3-2　温度对组织的损伤情况

| 温度 | 组织损伤情况 |
|---|---|
| 达到约 40℃ | 无明显的细胞损伤 |
| 达到或超过 40℃ | 可逆性细胞损伤，取决于电流持续时间 |
| 达到或超过 49℃ | 不可逆细胞损伤 |
| 达到约 70℃ | 胶原蛋白转化为葡萄糖，含有胶原蛋白的组织收缩，达到止血效果 |
| 达到或超过 100℃ | 脱水 / 干燥作用；细胞内及细胞外的水从液态变为气态，脱水后胶原蛋白黏合，脱水后凝块收缩 |
| 达到或超过 200℃ | 炭化及 4 度病理烧伤。灼烧组织产生难闻的气味 |

5. 双极操作：通过双极手术操作，电流在两个成对的电极之间流动，电极表面尺寸可以相同，也可以不同，这一点取决于所施行的手术（切割或凝固）是否只有一小部分组织处于两个电极之间的电路中（图 3-85B）。

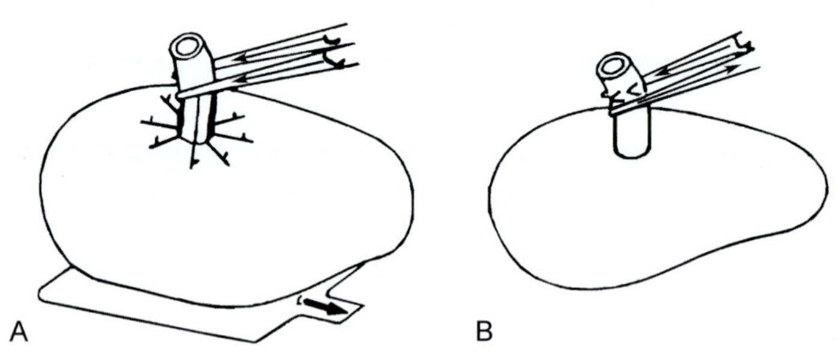


图 3-85　单极及双极操作

A. 单极操作；B. 双极操作

## 二、能量平台结构组成与工作原理

### （一）结构组成

能量平台结构组成见图 3-86。

1. 电源开关　能量平台开机和关机。

2. 触摸控制屏　所有功能选择及参数调整都可以在触摸屏上完成。

3. 双极接口　普通双极接口，接常规双极电凝钳等双极电凝器械，无须使用负极板。

4. 多功能双极接口　双极电切镜专用接口，如妇科的双极宫腔电切镜、泌尿外科的双极前列腺电切镜等，无须使用负极板。

5. 单极接口　普通单极接口，接常规单极电切电凝器械，配合负极板使用。

6. 负极板接口　连接负极板，与单极配合使用。

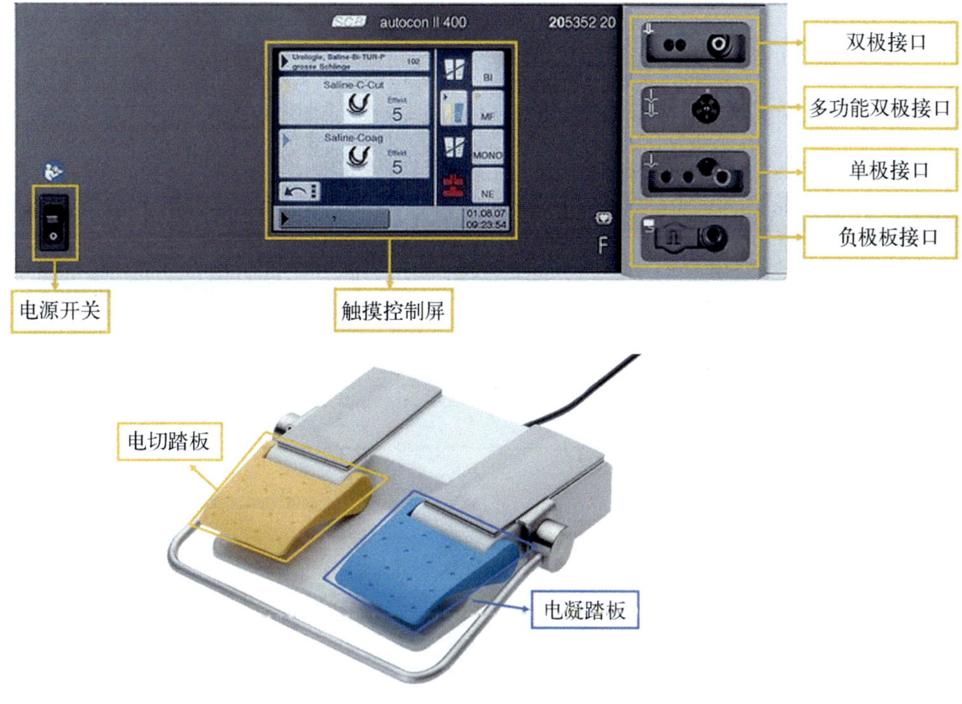


图 3-86　能量平台结构

## （二）工作原理图

能量平台工作原理见图 3-87。

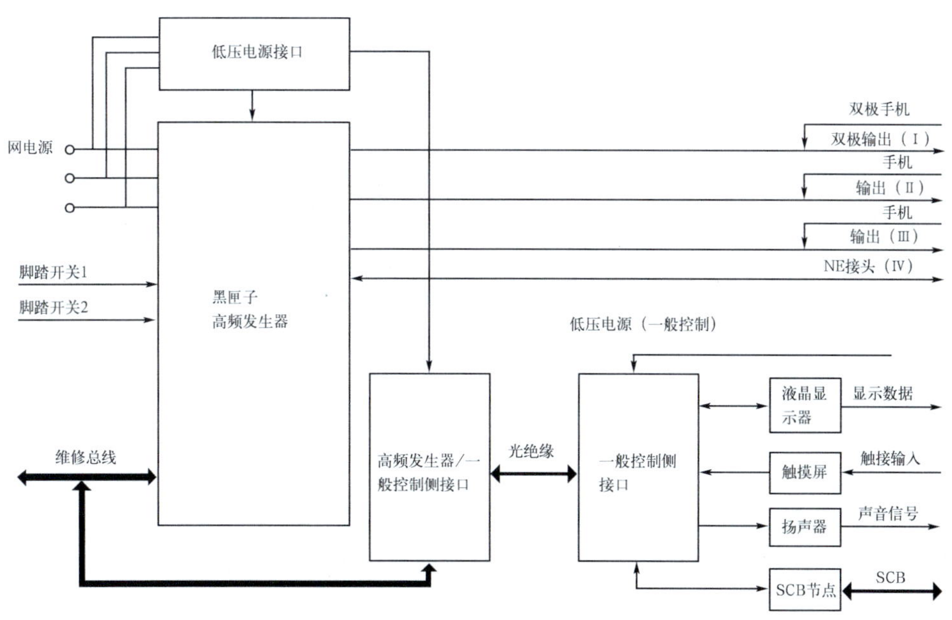


图 3-87　能量平台工作原理

## 三、能量平台常用导线分类

能量平台常用导线分类见表3-3。

表3-3 能量平台常用导线分类

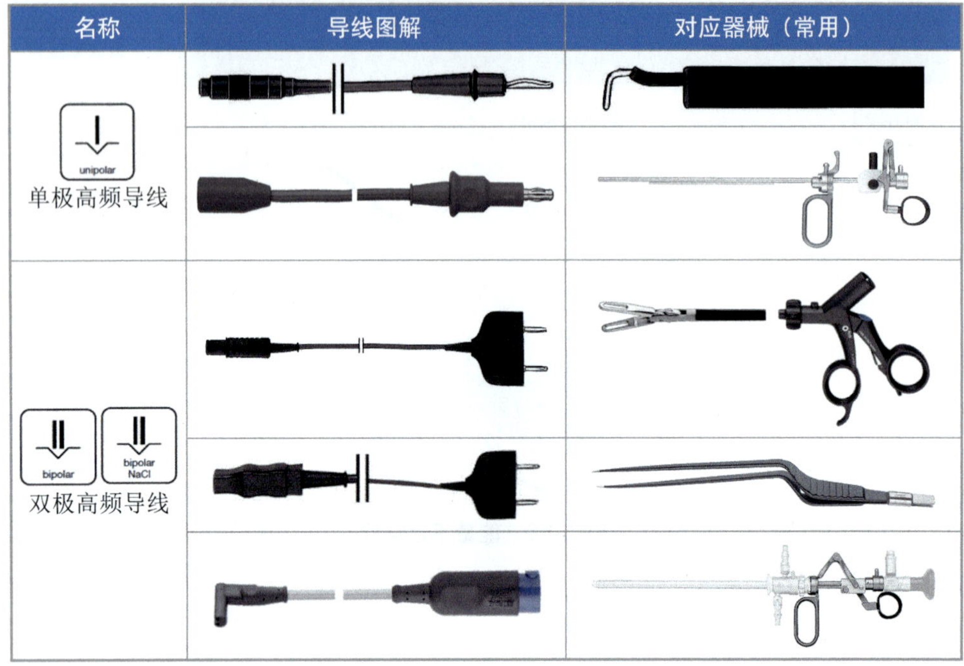

| 名称 | 导线图解 | 对应器械（常用） |
| --- | --- | --- |
| unipolar<br>单极高频导线 | | |
| | | |
| bipolar　bipolar NaCl<br>双极高频导线 | | |
| | | |
| | | |

1. 单极高频导线　一般有两种，一种连接腹腔镜单极器械，如电钩、单极抓钳等；另一种连接单极电切镜工作手件，用于宫腔单极电切、前列腺单极电切等。

2. 双极高频导线　一般分为两大类，一类主要用于连接普通双极器械，如腹腔镜双极电凝钳、神外双极电凝镊等，导线的外形会根据所连器械的不同而有所不同，但都属于普通双极；另一类专门用来连接双极电切镜工作手件，用于宫腔双极等离子电切、前列腺双极等离子电切等。

## 四、能量平台使用注意事项

### （一）能量平台使用安全

1. 术前

（1）检查高频导线状况，有无过度弯折、绝缘层破损、老化、断裂、内芯裸露等异常。如图3-88所示，导线弯曲后外表皮出现了明显的拉伸平面，证明内部线缆已断。

（2）检查器械完整性及导线连接，建议使用原厂导线，才能确保与器械的连接更贴合与紧固。

（3）检查患者是否佩戴金属饰品，需取下舌钉、耳钉、脐环等穿孔或非穿孔类金属饰品，以避免发生烧伤、意外事故等风险。

（4）检查患者是否安装心脏起搏器（阅读心脏起搏器的使用手册，咨询心脏外科医师，如有疑问联系心脏起搏器厂家）。

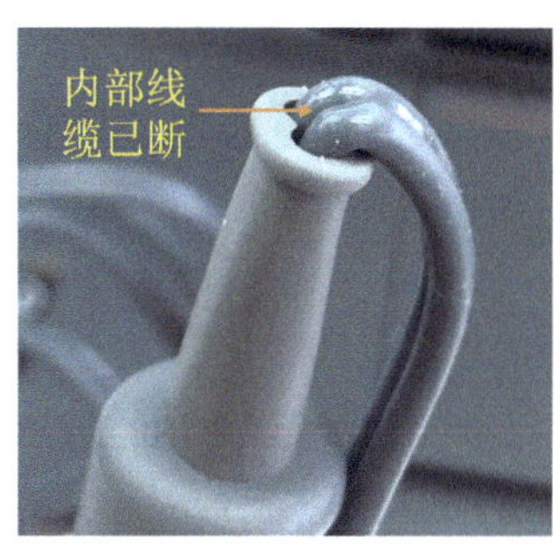


图 3-88　内部线缆已断

（5）检查患者的卧躺位置，需置于电绝缘的区域，手术台表面干燥，铺巾不潮湿，切勿与已接地金属物体相接触，如手术台金属部位、金属输液架等，避免因漏电引起灼伤。

（6）术前检查患者涂抹的消毒液是否充分干燥，因为含有乙醇的消毒剂可能在使用仪器时被电火花点燃。

（7）检查负极板的使用及贴敷，负极板必须完全无皱褶地贴敷到人体上，且负极板中线必须对准手术区域，保证负极板区域的干燥（图 3-89）。

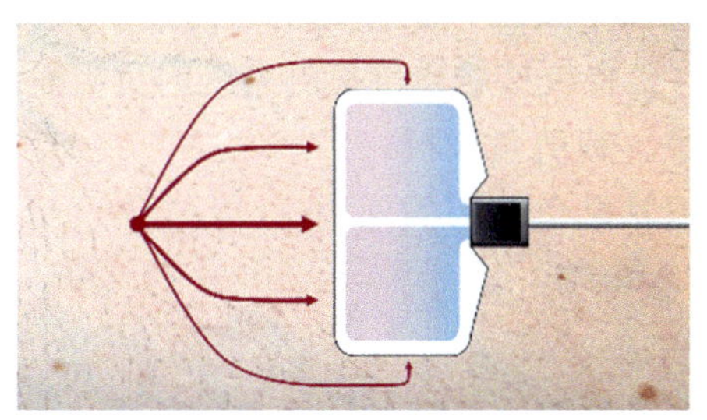

图 3-89　负极板电流回流示意图

（8）检查预设的程序模式、功率是否正确。在电切镜手术室中，功率过高易烧毁电切环，所以在满足切割效率的情况下功率调得越低越好。

2. 术中

（1）注意单次启动时间，不间断地激发高频电流会使器械电极接口、导线、负极板等变热、发烫，长时间持续工作可能会导致器械损坏，最理想的情况是 1 ∶ 3 的工作状态，即工作 10 秒，停止 30 秒。

（2）注意器械摆放，电极手柄不要直接接触患者身体，也不要放置在患者身上的消毒巾上，应始终放置在器械盘或专用的电极套内。

（3）注意脚踏板的位置摆放，防止误踩、误激发等情况发生。

（4）注意清除烟雾，手术烟雾对医护人员的健康影响较大，不要直排到房间中，术中通过中央负压吸引设备或使用排烟系统，将手术烟雾输送到医院专门的气体收集处理设施。

（5）注意氧气聚集，维持氧浓度在安全水平，判断胸腔、腹腔等手术部位是否有氧气聚集，避免在富氧环境下发生燃烧。

（6）注意心电监护的位置，心电图电极应远离手术区域，至少距电极组织操作面 15cm 以上。

（7）注意降低磁场干扰，能量平台应采用独立供电电路，与手术室其他主机设备电路分开，避免对其他设备产生干扰；高频导线应避免与摄像头连线、视频传输线等 - 同捆扎，或相邻固定，以降低磁场干扰。

### 3. 术后

（1）检查连线完整性。

（2）可重复使用电极，可以用 3% 浓度的过氧化氢溶液浸泡表面结痂的器械。

（3）可重复使用电极推荐使用预真空高温高压灭菌。

（4）一次性附件严格遵循一次性使用的要求，不能在进行灭菌后再次使用。

### 4. 负极板使用注意要点

（1）尽量粘贴在血管丰富、距离手术部位较近的地方。

（2）避免粘贴到表面不规整、多骨突出的部位。

（3）尽量使用带有负极板接触质量检测系统的负极板，避免意外情况的发生。

（4）千万不要折叠、裁剪负极板。

（5）尽量避免压迫粘贴负极板的部位。

## （二）常用器械注意事项

### 1. 电切镜手术器械

（1）仔细检查手术器械的完整性及功能性。如果电切环的前端绝缘层破损，使用时所产生的高温易损坏内窥镜的柱状晶体（图 3-90）。

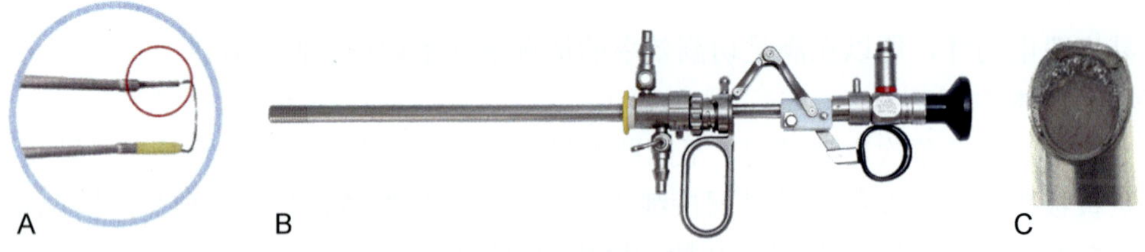


**图 3-90　电切镜套件**

A. 电切环前端绝缘层破损；B. 电切镜套件；C. 损坏的内窥镜

（2）握持工作手件时，避免插入部在上、手持部在下的方式，以免液体流入白色特氟龙模块、导线连接口等内部，导致器械线路短路，甚至引发意外事故（图 3-91）。

（3）能量平台功率的调节应遵循从低到高的原则，以保护电切环及高频导线。

图 3-91　工作手件进水导致绝缘模块烧毁

（4）电切镜手术器械拆卸顺序：分拆摄像头—电切镜—灌流鞘—电切环（图 3-92）。

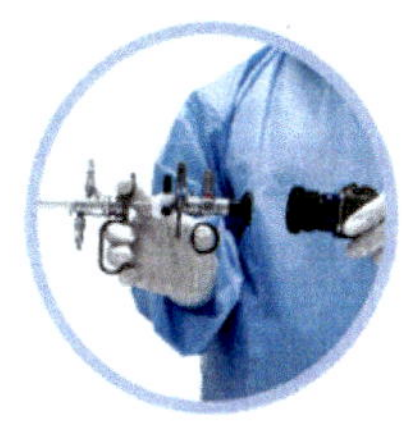
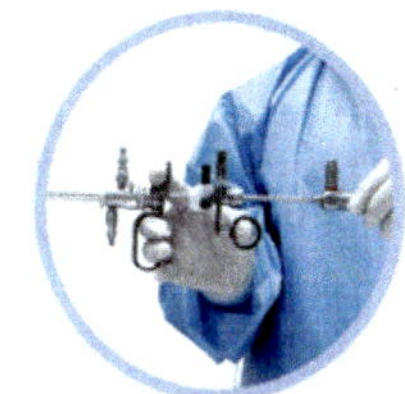
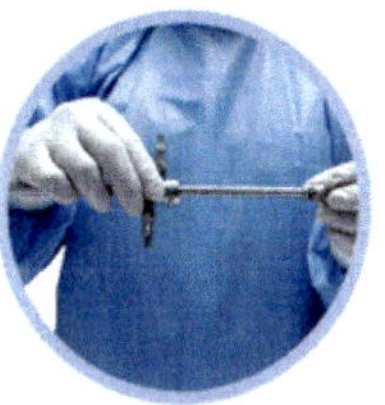
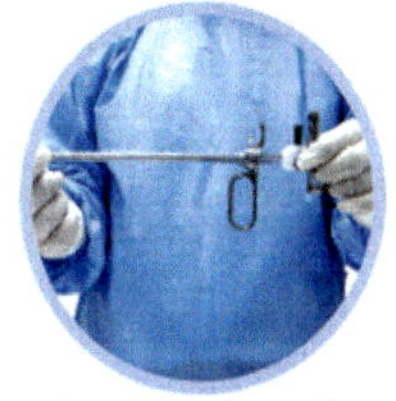

图 3-92　电切镜术后拆卸流程

## 2. 双极电凝钳手术器械

（1）腹腔镜用双极电凝钳钳口处是特氟龙绝缘材质，强度较低，所以双极电凝钳切勿当抓钳使用，易造成钳口变形损坏。

（2）双极电凝钳夹取组织电凝时应遵循少量多次原则，每次适量夹取组织，反复多次操作，可以有效预防钳口绝缘材质被组织灼烧损坏（图 3-93）。

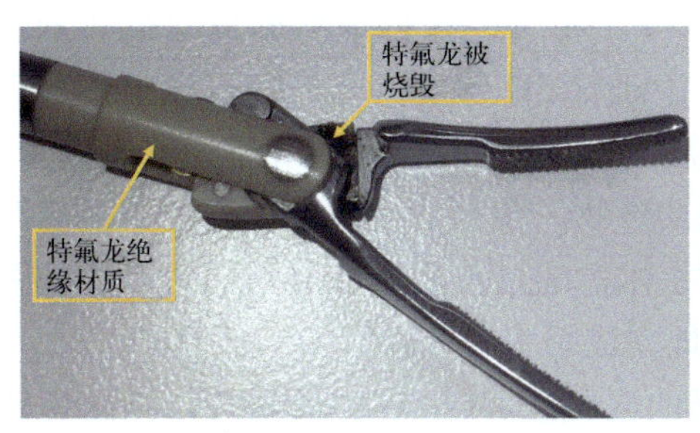

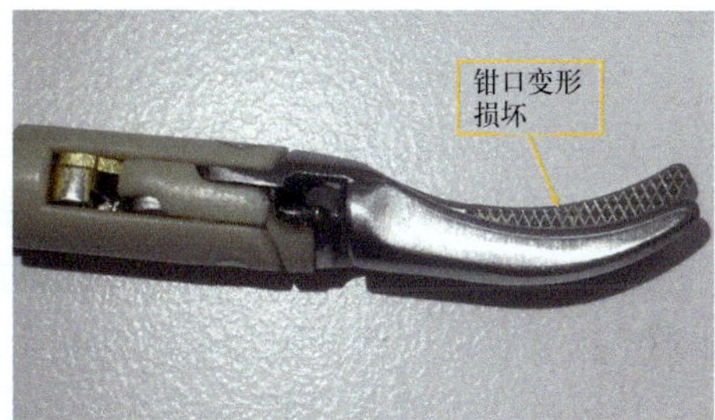


图 3-93　双极电凝钳损坏

（3）术后等待双极电凝钳冷却一段时间后（高温时高频导线插头和双极电凝钳手柄配合较紧密，难以拔出），再将高频导线插头从双极电凝钳手柄中平直拔出。

警告：严禁使用旋转肩频导线插头方式拔出，易导致双极电凝钳手柄内接线柱损坏（图 3-94）。

图 3-94 双极电凝钳电极接头损坏

### 3. 电凝钩、电凝棒等手术器械

（1）如器械外表的绝缘层破损，使用能量平台时可能会导致患者触电（图 3-95）。

（2）避免将电凝钩、电凝棒等接触到剪刀等器械工作面进行操作，易导致剪刀表面镀层退化，影响器械使用寿命，还可能存在其他意外风险。

（3）术中及时清洁、清理器械头端的组织、血液等在高温下产生的炭化结痂。

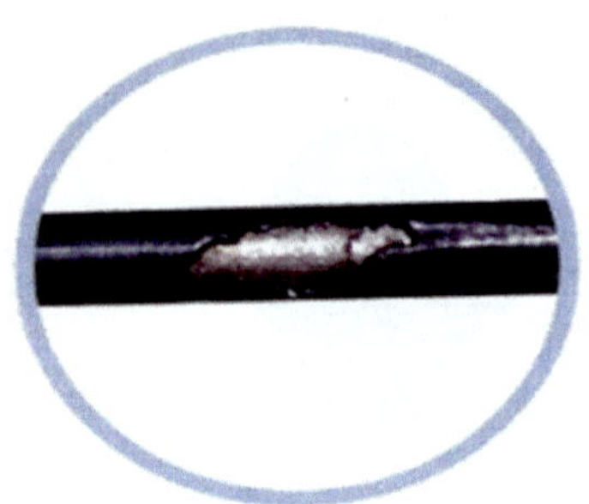

图 3-95 器械外表的绝缘层破损

## 第三节 手术导航系统

### 一、手术导航系统描述

手术导航系统适用于耳鼻喉及颅底手术定位。根据放射影像数据（来自CT、MRI 或 CBCT/VCT），在规划程序中进行 3D 建模，在治疗程序中依靠定位装置确认解剖位置及实时定位手术器械位置。手术导航系统是计算机技术、立体定向技术和图像处理技术结合发展的产物，现已适应微创外科的需要，广泛应用于神经外科、骨科、耳鼻喉科的手术。通过使用影像导航，可以协助医师术中精准定位，帮助医师快速且安全地完成手术。

传统的手术操作是根据手术前拍摄的磁共振、CT 等影像图片，判断病灶部位，制订手术方案。其局限在于，术前影像无法在手术过程中提供实时对照和手术预警。现在随着手术导航技术的应用，可以为医师提供实时影像，显著提高手术的效率和安全性。肿瘤已成为当代困扰人类健康的重大疾病之一。在肿瘤切除手术中，完整、安全地实现切除是关键。利用手术导航设备，一方面可协助医师早期发现微小肿瘤病灶，提高术中肿瘤检出率和术后预后效果；另一方面，可以在术中精确定位肿瘤边界，减少创伤，降低复发风险。

一直以来医用导航领域发展的是临床医学可视化技术，它能够帮助医师从计算机屏幕上获得手术的模拟仿真及手术操作的实时反馈。该技术在神经外科领域首先获得广泛应用，早期的研究大都是术前对患者进行 CT 扫描，在此基础上制订手术规划，我们称为基于 CT 的导航手术。

## 二、手术导航系统分类

1. 手术导航系统根据工作原理主要分为红外光学手术导航（图 3-96）和电磁感应手术导航（图 3-97）两种。

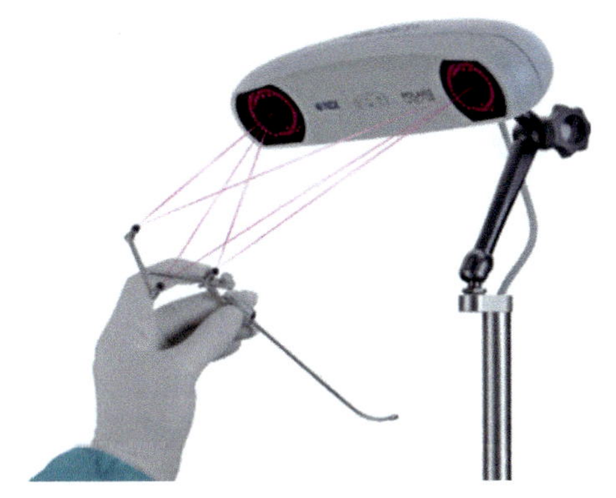

图 3-96　红外光学手术导航

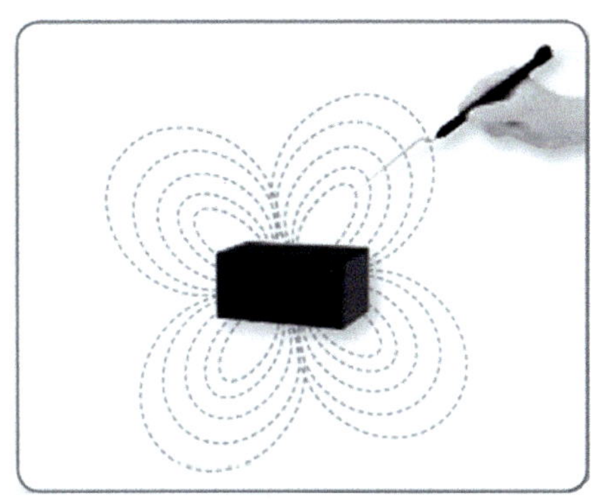

图 3-97　电磁感应手术导航

（1）红外光学手术导航：基于患者 CT/MRI 影像数据，通过红外光信号把影像数据建立的模型与实际患者配对后，光学摄像头以接收检测手术器械的红外光并依靠个性化导航软件分析影像特征值在不同时间点的差异性，来判断手术器械移动的方向和距离，并把对应的位移矢量数据反映在所建立的模型和二维 CT/MRI 影像数据上，以虚拟探针等形式显示出来进行实时导航，从而完成实时定位。

红外光学手术导航又分为主动式红外光学手术导航和被动式红外光学手术导航两种，两者的差别在于手术导航器械是主动产生光信号还是被动产生光信号。

（2）电磁感应手术导航：基于患者 CT/MRI 影像数据，在电磁发生器主动建立的电磁场信号环境中，依靠磁感应信号把影像数据建立的模型与实际患者配对后，以接收检测手术器械末端的磁感应追踪装置在电磁场信号环境的信号并依靠个性化导航软件分析影像特征值在不同时间点的差异性，判断手术器械移动的方向和距离，并把对应的位移矢量数据反映在所建立的模型和二维 CT/MRI 影像数据上，以十字交叉点等形式显示出来进行实时导航，从而完成实时定位。

2. 红外光学导航（被动式）和电磁感应导航的对比：见表 3-4。

表 3-4　红外光学导航（被动式）和电磁感应导航的对比表

| | 原理 | 优点 | 缺点 |
|---|---|---|---|
| 红外光学导航（被动式） | 通过红外线摄像头反射装置确定器械和解剖部位 | ①定位激光，减少光学发散，精度高；②工作范围广；③器械使用不受铁磁性物质干扰与妨碍；④手术器械无连线干扰，更换方便 | ①价格高；②容易受遮挡影响，存在视野盲区，易受背景光线和其他反射物体干扰；③部分反光球有使用次数限制 |
| 电磁感应导航 | 信号由磁场发生器产生，通过电磁回波来测量传感器在磁场中的位置进行定位 | ①无红外线遮挡问题，无视野盲区；②轻便，跟踪灵活，可跟踪多个目标；③传感器整合在器械前端，器械刚性要求低 | ①易受环境因素干扰（磁铁、金属器械、电磁辐射），影响导航的稳定性；②容易受铁磁性物质干扰；③通过有线连接，影响操作；④容易损坏，有使用寿命 |

## 三、手术导航系统结构组成

以 KARL STORZ NAV1（图 3-98）为例，导航系统结构包含：① NAV1 optical 主机；② 19 寸导航监视器；③ 19 寸导航监视器支臂；④导航摄像头；⑤导航摄像头支臂；⑥导航摄像头适配器；⑦ 26 寸监视器；⑧ 26 寸监视器支臂；⑨腔镜系统。

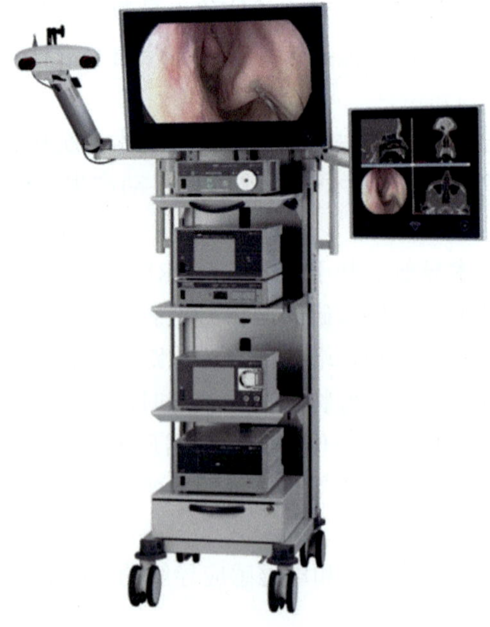

图 3-98　KARL STORZ NAV1 导航系统

## 四、手术导航系统使用注意事项

### （一）NAV1 optical 使用方法

#### 1. 患者影像资料准备（CT 或 MRI）

（1）手术前按照要求到放射科扫描患者的 CT 或 MRI 资料（图 3-99）。

（2）扫描时无须戴面具或做特殊标记。

（3）CT 资料可存储于 CD 光盘、USB 或 PACS 传输（取决于放射科）。

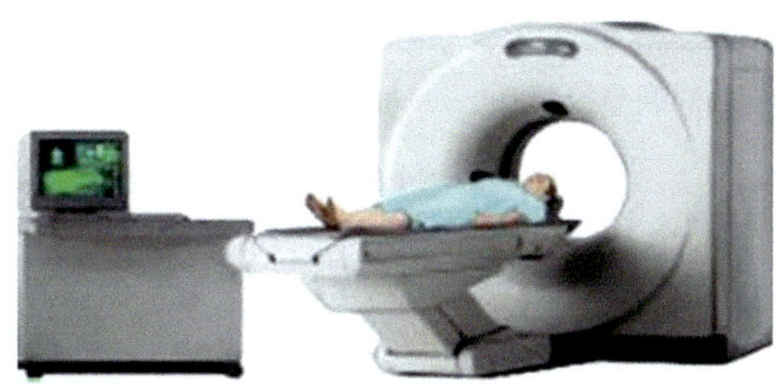

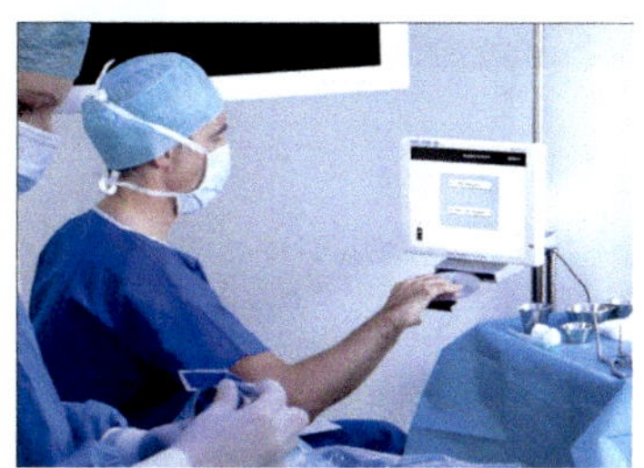

**图 3-99　患者影像学资料准备**

#### 2. 影像数据扫描要求

（1）原始的 DICOM 数据。

（2）CT 层厚≤ 1mm；MRI 层厚≤ 2mm。

（3）扫描范围包括上唇、全鼻、前额及耳部。

#### 3. 患者相关准备

（1）将头带固定在患者头上，可以用医用双面贴 / 输液贴，将头带牢牢固定在患者额头，头带位置应该稍微往左偏，绑定头带时，英文“NOSE”面指向鼻子。固定头带后，拧上红外线定位球即可（图 3-100）。

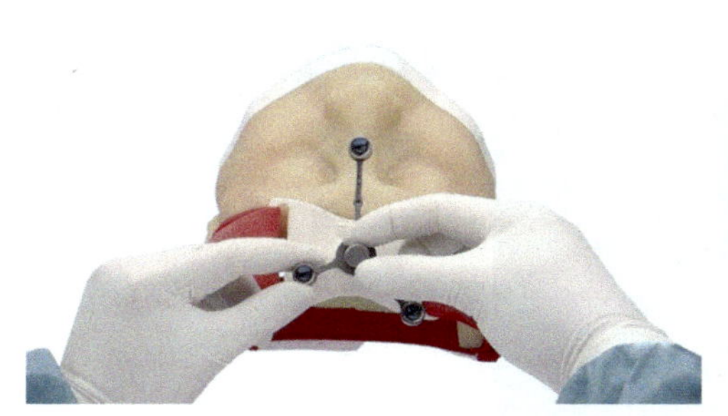

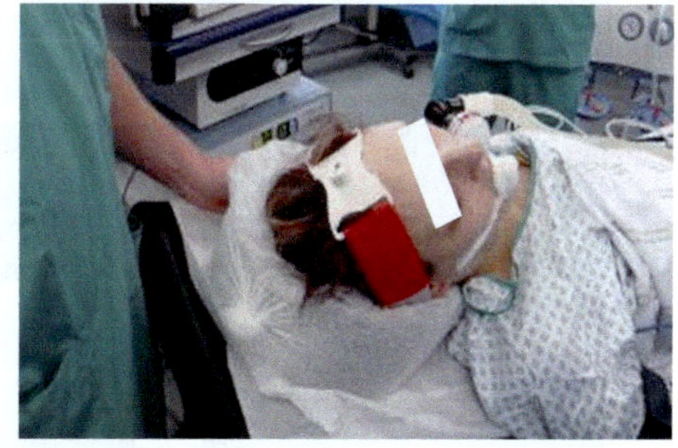

**图 3-100　患者绑定头带**

（2）调节摄像头相对于患者头带上红外线定位球的可视度、距离和方向（角度和焦距）（图 3-101）。

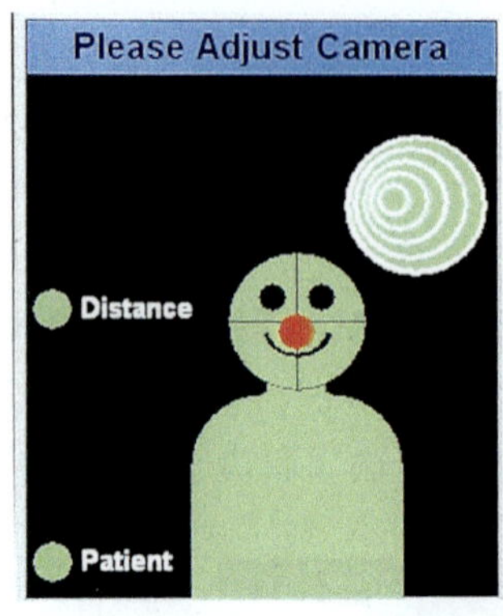


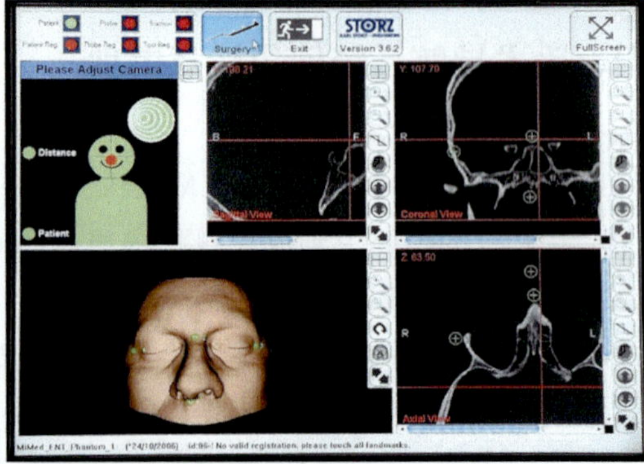


图 3-101 调节摄像头

### 4. NAV1 optical 注册

（1）FESS[①]面部四点注册法，通过面部的四个点位进行注册（图 3-102）。具体步骤为：①注册探针；②注册右侧外眦；③注册左侧外眦；④注册鼻根最凹处；⑤注册鼻小柱与人中连接处（图 3-103）。

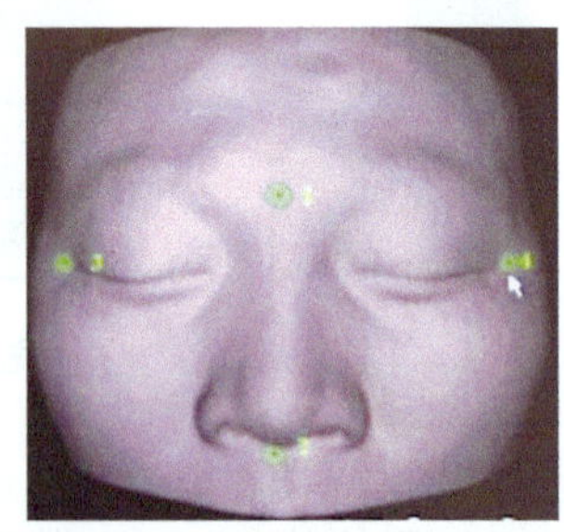

图 3-102 FESS 面部四点注册法

（2）FESS 面扫注册法：①通过探针对眼眶四周区域扫描的方式完成导航注册；②面扫注册时，无须设置标记点，直接进行面扫注册（图 3-104）。

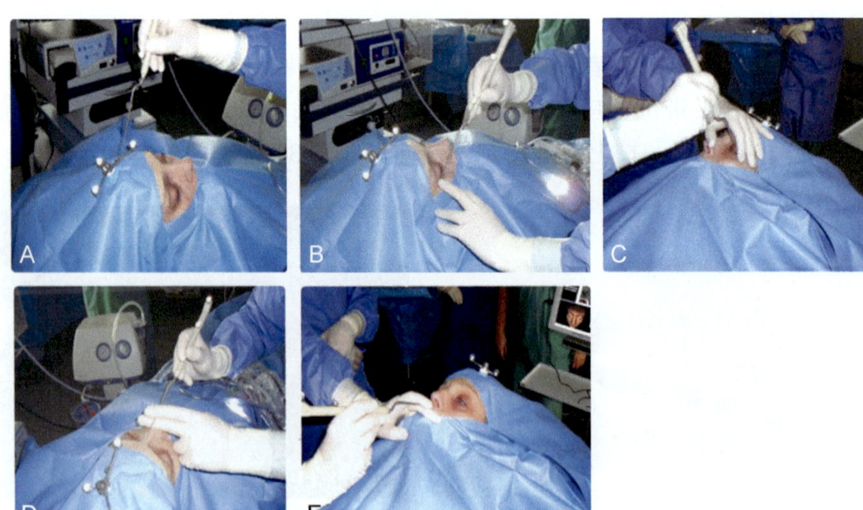


图 3-103 FESS 面部四点注册法具体步骤

A. 注册探针；B. 注册右侧外眦；C. 注册左侧外眦；D. 注册鼻根最凹处；E. 注册鼻小柱与人中连接处

① FESS：functional endoscopic sinus surgery，功能性鼻窦内镜。

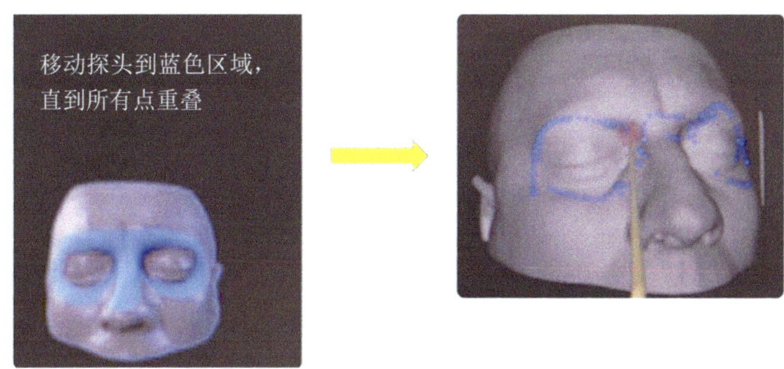


图 3-104　FESS 面扫注册法

5. 注册验证与确认　当误差＜ 0.5mm 后，使用探针轻点患者表皮任意点，注册时钟完全变绿后，开始导航（图 3-105）。

6. 腔镜画面与导航画面融合　导航系统可以实现腔镜图像和导航图像的同屏显示，方便医师更加直观地做出位置对比（图 3-106）。

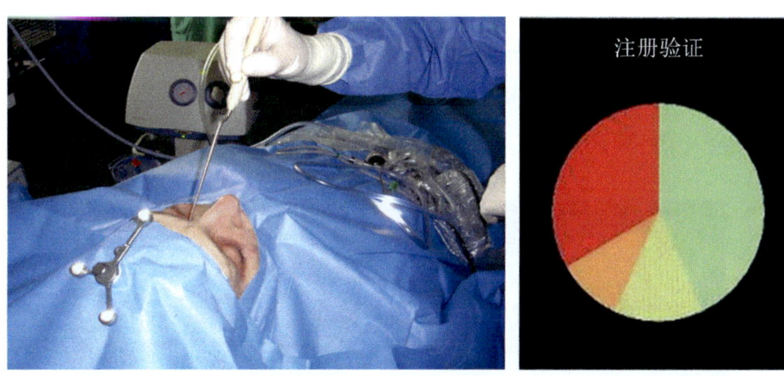


图 3-105　注册验证

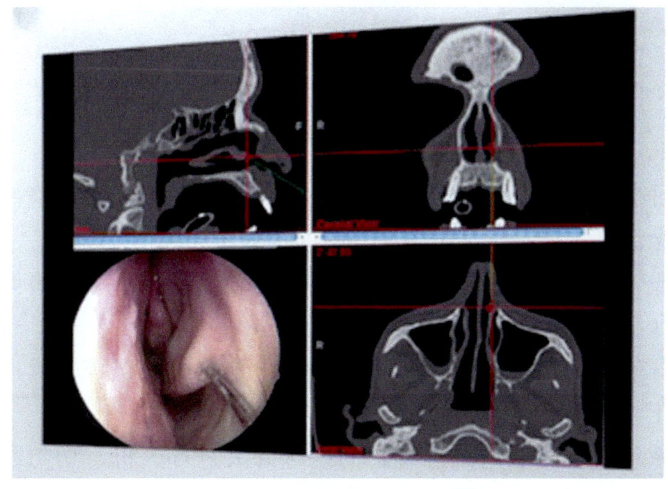

图 3-106　腔镜画面与导航画面融合

### （二）导航手术系统使用注意事项

1. 使用前，需确认患者 CT 或 MRI 影像文件是否能与导航系统兼容，否则不能使用导航系统。

（1）影像文件必须是无压缩，原始的 DICOM 格式的横断面影像文件，且文件名为非中文，不需要如 JPG 等其他格式的文件。

（2）对 CT 影像文件的基础参数要求如下：①矩阵尺寸：512×512 像素；②层间距：1mm，切面层厚：≤ 1mm；③横截面：150 ～ 180mm；④体素大小：1mm×150mm/512×150mm/512=1mm×0.3mm×0.3mm。

2. 对 MRI 影像文件的基础参数要求

（1）矩阵尺寸：至少为 256×256 像素，若为 512×512 像素则更好。

（2）切面厚度：≤ 2mm。

（3）MRI 扫描时使用的 ID 号和患者名字应与 CT 扫描保持一致。

3. 患者被 CT 或 MRI 扫描部位应包括上唇、整个鼻子、前额及至少耳朵的内侧部分。

4. 吸引器的注册，必须在完成探针和患者注册后才能进行。

5. 除了导航探针能被红外摄像头感应外，装有导航追踪器的吸引器也能被红外摄像头感应（图 3-107）。

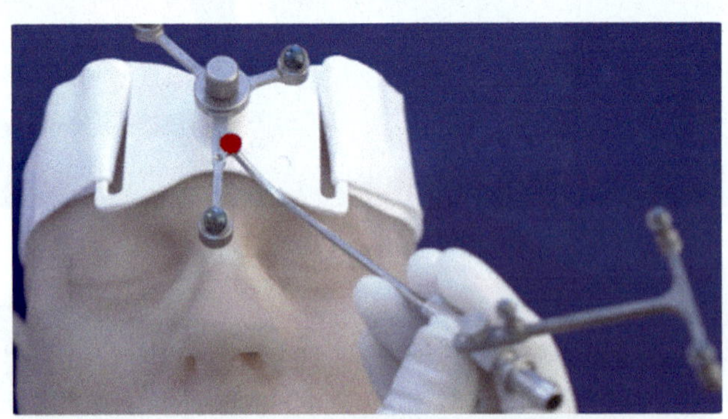

图 3-107　被红外摄像头感应的吸引器

6. 使用导航探针和吸引器前，需先检查其外观及功能的完整性，并确保反射球干净、无污染，若有任何异常情况，应立即停止使用。

7. 红外光学导航系统使用中注意不要挡在导航器械和导航摄像头之间，否则无法定位（图 3-108）。

8. 电磁导航系统需注意周围环境无磁铁、金属、电磁等干扰，否则会影响电磁导航的正常使用。

9. 导航系统关机时应通过屏幕上的系统开关进行关机，切勿通过导航主机的电源开关进行强制关机（图 3-109）。

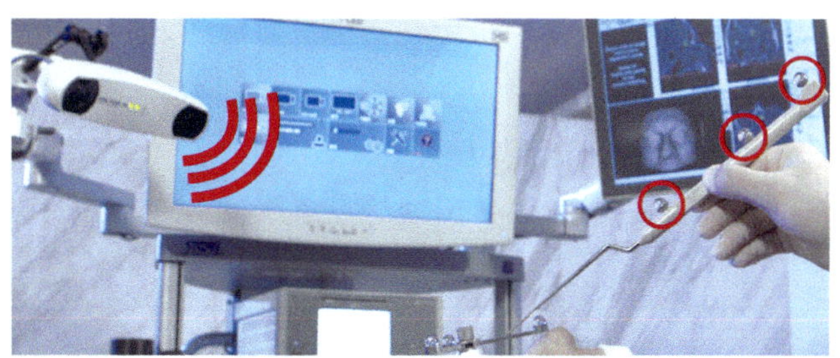

图 3-108　红外光学导航系统

图 3-109　导航系统关机

### （三）导航器械的清洗与灭菌

1. 清洗时需要将导航器械需要拆至最小状态，两两组合的器械也需要拆分开。

2. 用流动水对器械进行冲洗，然后使用压缩空气干燥，最后置于专用灭菌盒内灭菌。

3. 不能将带有玻璃反射球的导航探针和器械追踪器放入超声清洗机内清洗。

4. 导航器械推荐使用预真空高温高压蒸汽灭菌（图 3-110）。

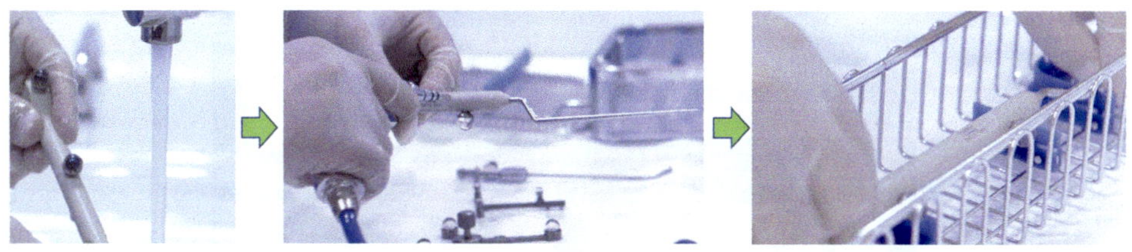

图 3-110　导航器械清洗与灭菌

## 五、导航系统操作流程

第一步：固定患者追踪器（图 3-111）。使用头带将追踪器底座固定于患者额头部位（注意：NOSE 字体朝向患者鼻部），将追踪器安装于底座上，顺时针锁紧螺钉。

第二步：开机（图 3-112）。打开主机电源开关，登录界面输入账户信息（Username：ADMIN；Password：STORZ）。

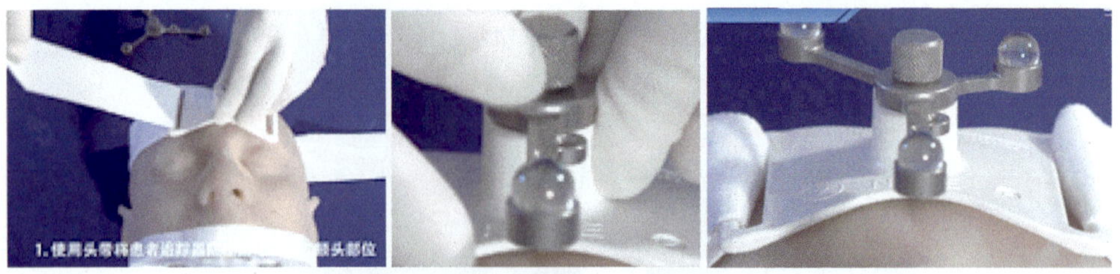


图 3-111　固定患者追踪器

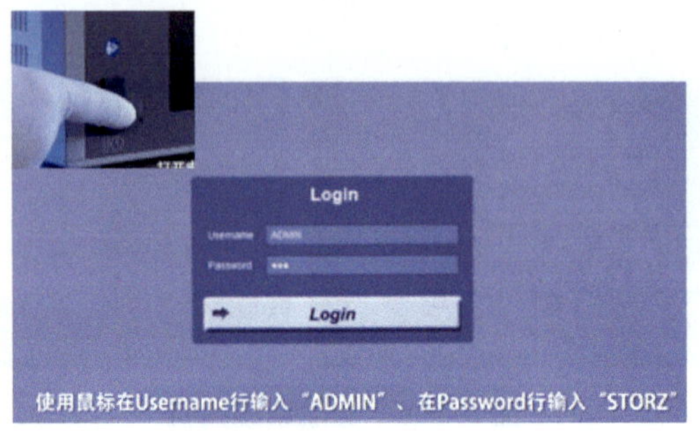


图 3-112　开机

第三步：导入患者 DICOM 文件（图 3-113）。进入 ENT Navigation 菜单，选择加载按键，选择“导入 DICOM 数据”按键，选取 CD 或 U 盘中患者数据，点击“导入”按钮。

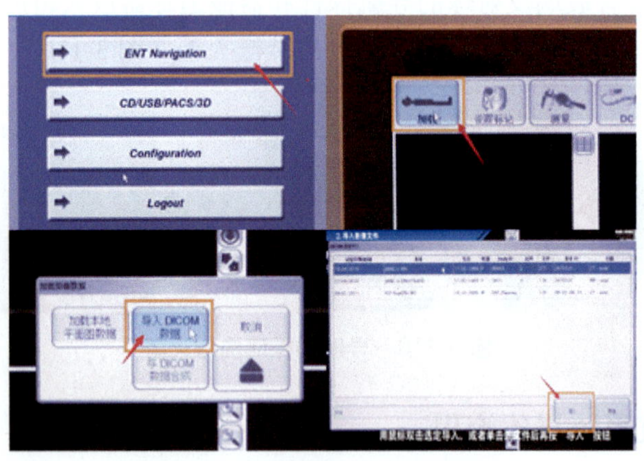


图 3-113　导入患者 DICOM 文件

第四步：探针和患者注册（四点标记法）（图 3-114）。

鼠标点击“设置标记”按钮，用鼠标在屏幕 3D 模型视图上点击前额、鼻下方、左侧眼外眦点、右侧眼外眦点 4 个定位点，鼠标点击“手术”按钮，初始化跟踪。

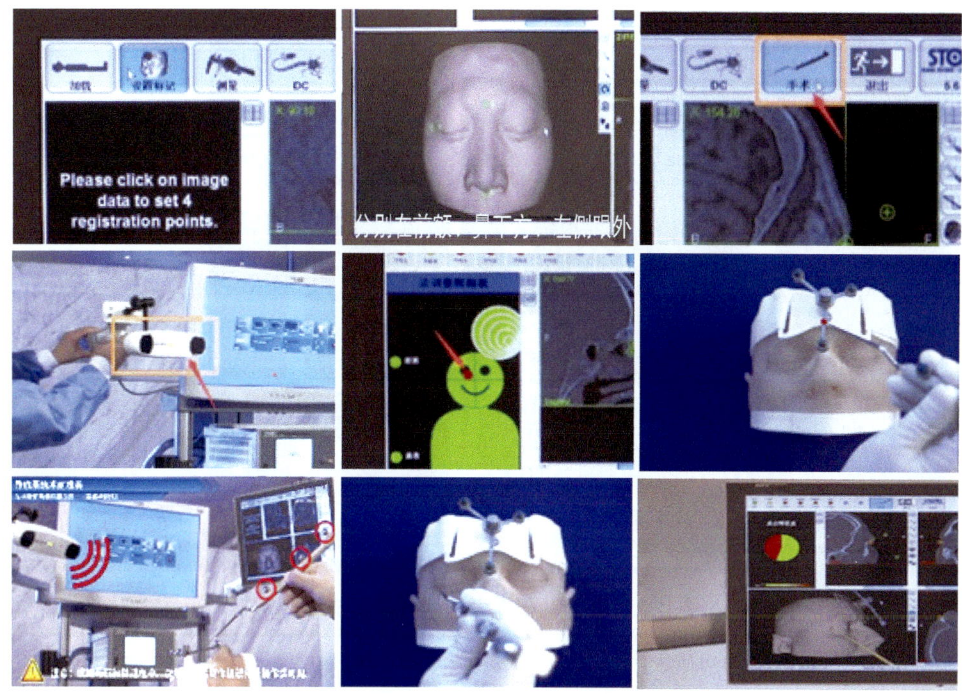


图 3-114　探针和患者注册（四点标记法）

红外摄像头对准患者头部并固定，确保屏幕上红点在患者头部中心位置，且辅助窗口患者图标及圆圈均为绿色。

探针前端放置于患者跟踪器的探针注册点上进行注册，根据辅助窗口提示，使用导航探针依次放置于患者对应位置（前额、鼻下方、左侧眼外眦点、右侧眼外眦点）进行注册，最后将探针放于患者面部任意部位，待时钟变绿，表明患者注册成功，进入导航状态（注意：使用导航探针过程中，反射球始终保证被红外摄像头看见）。

第五步：探针和患者注册（面扫注册法）（图 3-115）。

导入患者信息后，鼠标直接点击“手术”按钮，初始化跟踪，确保安全钮正常弹起。

红外摄像头对准患者头部并固定，确保屏幕上红点在患者头部中心位置，且辅助窗口患者图标及圆圈均为绿色。

探针前端放置于患者跟踪器的探针注册点上进行注册，根据辅助窗口提示，使用导航探针依次放置于患者对应左右眼眶部位进行注册，最后将探针放于患者面部任意部位，待时钟变绿，表明患者注册成功，进入导航状态（注意：使用导航探针过程中，反射球始终保证被红外摄像头看见）。

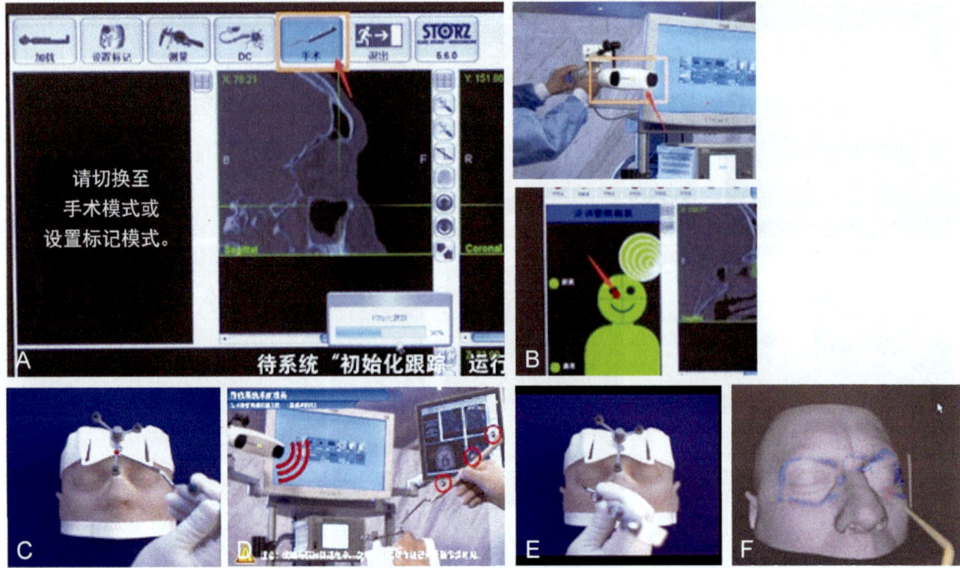


图 3-115　探针和患者注册（面扫注册法）

第六步：导航器械注册（图 3-116）。将导航器械追踪装置安装于器械对应位置，螺钉锁紧。将器械前端放置于患者追踪器的器械注册点上，直至始终为绿色，表明患者注册成功，可以正式使用术中导航功能。

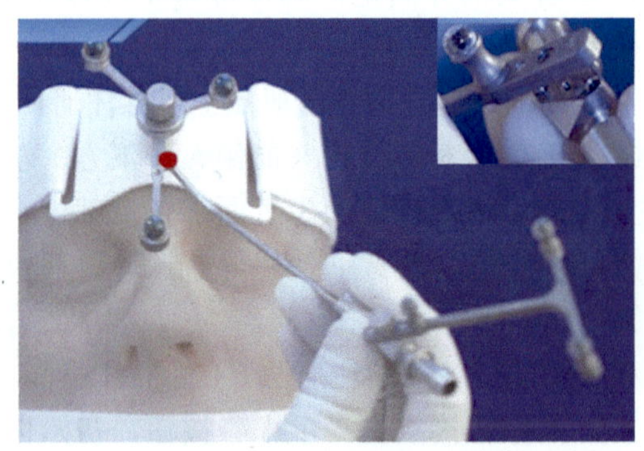

图 3-116　导航器械注册

# 第 4 章　内窥镜设备通用性问题

内窥镜系统中的各个设备都是独立的个体，单独存在时只能实现某一特定功能，而只有把它们组合在一起，才能真正用于开展手术。前面各个章节都是对个体设备的介绍，本章节会对整体系统做一个阐述，来帮助大家了解内窥镜系统中各设备之间的关系，从而更好地实现对整套设备的使用与维护。

## 第一节　安装条件

### 一、电气要求

电源要求为 220V±22V，零线和地线电压在 1V 以内，接地良好，零线与地线之间电阻小于 4Ω。但如果手术室内电压不稳定，建议使用 UPS 稳压电源，避免因电源频繁波动而造成设备损坏。

### 二、场地要求

1. 工作温度：10 ～ 40℃，储存温度：0 ～ 60℃。

2. 环境内无易燃易爆气体，如有麻醉气体泄漏时，应立即停止使用。

3. 远离水槽等有流动水的潮湿环境存放，相对湿度要求控制在 40% ～ 60%RH。

## 第二节　设备安装

### 一、固定式腔镜塔安装

1. 将设备放置在腔镜塔上，长期固定在某一手术室内使用，是比较推荐的安装方式。

2. 消除了腔镜来回推动可能发生的设备跌落或碰撞损坏的风险。

3. 不占用多余的手术室空间，无凌乱的电源线或视频线，在降低踢线风险隐患的同时，也让手术室更整洁、美观。

4. 固定科室和人员，这样大家对设备的性能及操作都会很熟悉，能有效减少因误操作造成的设备损坏。

5. 专科专用，责任到人，有助于设备的日常维护与管理。

## 二、移动式台车安装

1. 台车式安装，将设备安装在移动式台车上，是现阶段最常见的一种安装方式。

2. 使用灵活，不受手术间限制，一套腔镜可以在不同的手术间内轮流使用。

3. 集中管理，可以将所有的腔镜设备推至设备间集中存放，统一管理。

4. 腔镜来回推动有跌落风险，另外移动式台车本身的质量问题也会成为一种安全隐患。

## 三、设备与设备之间的摆放要求

1. 冷光源不能和其他设备并排摆放，因为光源两侧的通风孔不能被遮挡，否则将影响光源的散热效果。

2. 冲洗灌注泵需独立放置，切不可和其他设备并排或叠加摆放，因为泵管内有液体流动，如果泵管破损，灌流液有可能会溅至其他设备内而造成其他设备损坏。

3. 能量平台尽量和其他设备分开摆放和供电，避免出现高频干扰。

## 四、设备之间的连接关系

1. 摄像头与摄像主机连接，将光信号转换成电信号传送至主机。

2. 摄像主机与监视器连接，实现腔镜图像的显示。

3. 冷光源独立工作，如有需要，可通过数据线和摄像主机相连，实现自动调光。

4. 气腹机独立工作，如有需要，可通过数据线和摄像主机相连，实现摄像主机控制气腹。

5. 膨宫泵独立存在，不与其他设备连接。

6. 能量平台独立存在，不与其他设备连接。

7. 导航与摄像主机或监视器连接，实现腔镜画面与导航画面的融合。

# 第三节　使用维护

## 一、开关机顺序

各个主机之间无开关机顺序，可以先开，也可以后开。但是部分设备与自身附件连接时要注意开关机顺序，具体为：①摄像主机必须在插好摄像头后再开机，避免出现摄像头带电插拔；②动力主机必须在插好电机手柄后再开机，避免出现电机手柄带电插拔；③冲洗灌注泵必须先开机，通过自检后再安装上泵管，否则会闪屏报警。

## 二、设备通用性

### （一）科室与科室的通用性

我们常说的腹腔镜、宫腔镜、膀胱镜、鼻窦镜等，通常是泛指全套的设备和器械，而器械之间存在本质区别，一般情况下各科室设备不能混用，但是一些摄像系统却在大部分科室通用。例如，普外科购买的腹腔镜设备（非电子镜设备），其摄像系统也可用于五官科的鼻窦镜手术。

### （二）品牌与品牌之间的通用性

1. 不同品牌的摄像头不通用。

2. 不同品牌的电机手柄不通用。

3. 不同品牌的冲洗灌注管不通用。

4. 不同品牌的导光束虽然能插入光源，但是因为导光束接头尺寸的不同，有损坏光源的风险，不建议混用。

### （三）同品牌不同型号的摄像头通常也不能混用

1. 单晶片摄像头与三晶片摄像头不能混用。

2. 高清摄像头与标清摄像头不能混用。

3. 2D 摄像头与 3D 摄像头不能混用。

### （四）民用设备替代医用设备

民用电视机或显示器不能用来替代医用监视器。

## 三、备用设备准备

1. 对于内窥镜设备，其故障基本都是在使用过程中出现，只要有故障就会影响手术，即使第一时间联系厂家借用替代品，但替代品送至医院也需要一定的时间，所以手术室必须要有同类型可替换的设备，不能只有一套，否则将严重影响手术的开展。

2. 医院购买设备或配件都有一个采购周期，基本不可能做到现坏现买，所以对于一些消耗品或易损件，建议能提前做好备件储存，如冷光源灯泡、电切环、一次性冲洗灌注管等，这样才不会影响临床手术使用。

## 四、表面清洁

1. 内窥镜设备一般不与患者接触，所以无须消毒灭菌，设备表面进行常规清洁擦拭即可。

2. 监视器屏幕不能用乙醇及湿布擦拭，避免乙醇腐蚀屏幕保护膜或水渍残留，影响手术观看。用眼镜布或专用擦镜纸清洁即可。

3. 不能用聚维酮碘溶液及乙醇擦拭设备表面，否则易加速设备外观老化。

4. 遇到设备故障时，在未与厂家维修人员确认的情况下，禁止拆开设备检查或维修，避免人员伤害及后续设备使用的手术风险。

## 第四节　设备维修

### 一、故障排查

1. 设备重启法　内窥镜设备都属于电子设备，有时候出现的都是一些软件故障，重启设备就能解决问题。

2. 交叉测试法　一般手术室内都会有多套腔镜设备，同型号的设备通常也不止一套，当一套设备出现问题时，如果不能找到故障所在，可以拿另一套设备来替换检测。例如，监视器上无图像显示，可能是监视器或摄像主机或摄像头出现故障，此时我们可以借用另一套设备的摄像头、摄像主机甚至是监视器来替换检测，直到精准定位到故障点，然后对相应的部件进行维修处理。

### 二、高发性故障预防

#### （一）视频接口损坏预防

1. 如果需要频繁插拔视频连线，则建议使用信号转接器，所有的插拔操作都在转接器上进行，就不会损坏信号接口（如监视器、摄像主机的 DVI 接口）。

2. 视频信号线严禁热插拔，热插拔有烧毁接口的风险。

#### （二）摄像头连线损坏预防

1. 术中时刻关注摄像头持握方式，移动摄像头时不能出现连线拉拽的情况。

2. 摄像头使用无菌套保护，不要频繁灭菌，否则连线易老化损坏。

#### （三）气腹机气体杂质预防

1. 建议每一台气腹机都配备气体过滤器。

2. 对于手术室新建的中央供气管路，在连接气腹机之前要对管路内部进行清洁处理。

#### （四）冲洗灌注泵漏液预防

1. 定期检查冲洗灌注管，如有破损，应及时更换。

2. 如果设备上已有漏液，可以用蘸有温清水的纱布擦拭漏液或结晶处。

#### （五）电机手柄卡涩预防

电机手柄每次灭菌前都需要上油润滑，才能保证电机运转顺畅，避免因润滑不足导致的马达卡死故障。

## 三、可自行维修的故障

### （一）冷光源更换灯泡

1. 所有的氙气灯冷光源都没有备用灯泡，所以需要提前备好。

2. 术中灯泡损坏，不能立即更换，因为此时灯泡的温度很高，有烫伤风险，所以必须等光源完全冷却后才能更换灯泡。

3. 医用氙气灯冷光源的氙气灯灯泡，不同品牌的灯泡可以通用，但是存在质量好坏的问题，所以建议使用冷光源原装品牌的灯泡。

4. 灯泡更换后注意对计数器进行清零。

### （二）摄像头金手指氧化故障

用橡皮擦对氧化处进行擦拭清洁处理。

### （三）电机手柄卡涩异响

用清洁润滑油喷注手柄内部，清洁润滑后有可能解决问题。

## 四、设备使用记录与故障现象追溯

1. 设备每次使用完后都需要做好相应的使用记录，包括使用人员、使用过程中出现的异常及临床医师的使用反馈，有助于问题追溯与处理。

2. 对设备故障要养成拍照留证的习惯，很多故障是偶尔发生，即使送厂家也很难检测出来，如果有拍照或视频留证，将有助于维修人员快速查找故障和解决问题。

## 五、设备交接检测

收到借用的样品或修好的设备时，务必在交接现场进行测试，确保设备正常，方可安排手术使用。

GUIDE

# 第 5 章　内窥镜设备整合——一体化手术室

## 第一节　一体化手术室背景与定义

### 一、一体化手术室背景

一体化手术室（integrated operating room）概念 1989 年由德国人率先提出，1992 年在美国首次出现，2000 年左右进入中国，2010 年开始普遍被国内医院所接受。随着光电技术、信息技术的发展，时至今日，一体化手术室已经成为现代化手术室的代表，是医院信息化建设的标志。

一体化手术室的发展与微创腔镜手术的发展密不可分。微创手术已经无可争议地成为未来手术发展的方向。腔镜手术的特点是医师抬头观看屏幕做手术，需要用到多种设备，如内窥镜摄像系统、电外科系统、刻录系统等。对于医师来说，“看得清”是保证手术安全的重要因素。“看得清”就需要优质的摄像系统作为信号源，让医师能看清楚病灶情况，做出最准确的判断，所以摄像系统是首先需要整合入手术室的设备，做医师眼睛的延伸。基于这些特点，在实际使用过程中，传统手术室已经不能满足需要，出现了诸多问题：①设备散落在手术床旁使得室内拥挤；②各种线路散落地面，增加安全隐患和感染风险；③无视频显示系统，不方便手术团队的每个人观看到手术画面，阻碍团队配合；④无手术视频资料记录系统，不利于手术过程存档和举证；⑤无视频会议系统，手术室无法与外界沟通，阻碍远程学术交流和远程医疗的开展。

为了解决这些传统手术室（图 5-1）的问题，一体化手术室应运而生。

### 二、一体化手术室定义

一体化手术室是以手术为核心，为提升微创手术及围术期的手术安全、质量和效率，并为医疗、教学和科研提供综合性支持的专业解决方案。

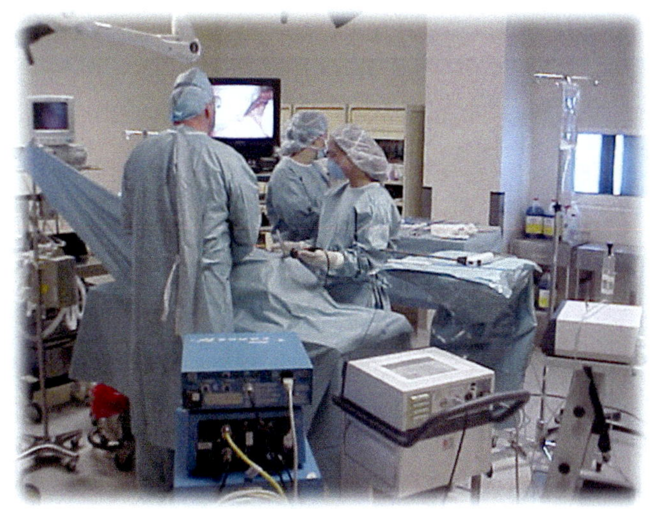

图 5-1　传统手术室环境

一体化手术室（图 5-2）是围绕手术需求，通过个性化的设计，运用大量领先科技，将超高清手术画面多屏显示、手术影像及手术资料的实时调阅和存储、手术设备（如内窥镜系统、无影灯、手术床、电外科工作站等）的参数设置与调试，以及手术示教、远程会诊等功能整合在一个系统中，以提高手术的安全性和效率，为医院和社会创造更大价值。

一体化手术室具有以下优点。

（1）通过对监视器、大屏幕、触摸屏、护士工作站等设备的人体功能学设计，使手术室环境干净整洁，降低感控风险，使医师与护士配合顺畅，提高手术效率。

（2）通过专业技术，将超高清手术影像在手术室内进行无延时、无压缩的传输，并可在各个屏幕上任意切换，确保医师手术的安全进行；也可以将视频会议进行转播，既方便医护人员的手术观察，又有利于教学培训、远程医疗的开展。

（3）本地及远程的医用数据管理和视音频文件记录存档，对学术研究、培训教学和医疗举证都很有帮助。

（4）手术室与医院的信息系统无缝对接，使医护人员方便获取患者的文字及影像资料，提高手术效率。

（5）通过对医疗设备及周边设备的集总控制，帮助术者术中实时监控各设备状态及患者体征，提高手术安全性，帮助护士方便调控设备参数，减少转台时间，使手术更高效。

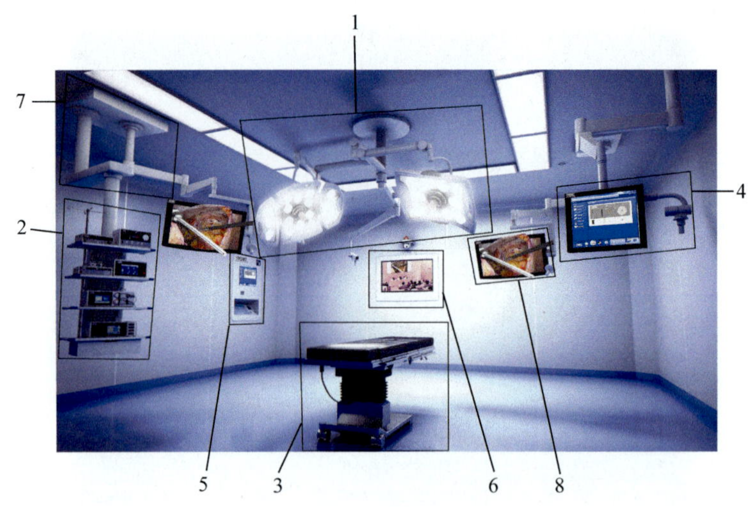


图 5-2 一体化手术室

1. 手术灯并集成术野摄像机。通过触摸屏可对手术灯、术野摄像机进行中央控制，如调节手术灯的开关、亮度、色温、光斑大小等。
2. 手术设备（内窥镜摄像系统、气腹机、电刀等）。通过触摸屏对手术设备进行中央控制，如开关气腹机、术中调节电刀频率等；通过预先设定的系统程序缩短多种设备参数设置和转换时间。
3. 手术床。通过触摸屏控制手术床的调节，如升高、降低、各种体位变换。
4. 医用触摸屏。可直接在无菌区进行操作，实现设备参数调节及设备状态监控，方便台上医生把控手术设备状态。
5. 护士工作站。配有功能齐全、灵活的控制系统，可进行影音记录、视频路由等全功能操作，方便护士操作，减少走动。
6. 视频会议。在手术室内开展手术示教等专业交流，为医师搭建学术交流平台。
7. 吊臂。设备定位明确安全，其设计符合人体工程学。
8. 医用监视器。画质最佳，可根据医师展位自由调整，以确保手术安全、顺畅

## 第二节　一体化手术室功能

一体化手术室不是高精尖设备的堆砌，而是需要利用先进的信息化手段，将这些设备有机整合，满足医师的使用需求，用于实现提升手术安全性和操作效率性。一体化手术室核心功能有以下三个方面。

### 一、视音频传输系统

1. 视音频传输是一体化手术室信息化的基础，可分为手术室内视音频路由和手术室外视音频转播。

2. 在手术室内，通过视音频路由实现手术室内各种信号的切换与控制，即将手术室的各种信号传输到手术室的任意一个显示器上，方便临床医师随时观看。视音频传输系统可以引入的信号种类繁多，其中最基础且最重要的是手术

信号，随着 3D 内窥镜摄像系统的普及，一体化手术室可以实现 3D 信号的传输，此外其他信号，如监护仪信号、导航信号、超声信号等，也可以显示在屏幕上，以辅助医师诊疗，甚至麻醉医师的插管画面也可以显示。为保证手术的安全性，手术室内信号的传递建议通过专线实现，要求无延时、无压缩。

3. 在手术室外，通过视音频转播（远程医疗系统）可以实现手术室与外部的联通，使外科医师可以在术中直接与外部专家进行咨询会诊，并直接向医科学生和其他医师实况转播手术信息，以用于教学和演示。远程医疗系统不仅可以满足在医院内部各外科的院内手术转播，实现手术教学及演示，同时也可以满足医院与国内甚至全世界不同地点的医院之间进行交互式远程手术教学。

## 二、医用数据管理系统

1. 医用数据管理系统可以对手术视频、图像、文字、音频等手术信号进行完整记录、存储和管理，目前最高采集画质可达 4K，分辨率为 3840×2160。将术中珍贵信息进行保存，且不可直接修改，在发生医患纠纷时，可作为举证用以保护医师和患者的合法权益。

2. 数据多种存储方式，可以存储在网络、光盘或 USB 闪存上，使数据存档更有效率，数据的可移动性使随时随处获取数据成为可能。为节省本地录像的拷贝时间，可将数据在院内集中管理，医师在任何有院内网的办公室内即可利用专属账号进行线上视频浏览、下载及分享。高效的医用数据管理系统极大的节省了时间，并使医师和护理人员可以将更多的精力集中在患者身上，提高术中安全性，并为术后留下宝贵的手术资料。

3. 随着手术室内外信息化的扩展，医用数据管理系统还可以与医院信息系统（HIS）、医院影像管理系统（PACS）无缝对接，并将各种信息调入手术室，简化护士录入工作，为医师提供及时、丰富的辅助诊疗依据。

4. 内置手术安全核对表，从术前、术中和术后对手术进程进行安全检查，从而确保手术安全。经世界卫生组织（WHO）在全球 8 个城市的调查及跟踪试验得出结果：在使用手术安全监测系统后，手术死亡和失败率由 1.5% 降低到 0.8%，住院患者并发症发生率从 11% 降低到 7%。

5. 医用数据管理系统不是一台简单的刻录机，其不仅可以与医院的系统进行紧密对接，还兼顾流程安全、数据安全和电气安全，使手术安全性得到有效保障。

## 三、医疗设备集总控制系统

1. 医疗设备集总控制系统可以将所有手术室内的多种手术设备（如内窥镜摄像系统、气腹机、膨宫泵、电刀、手术床、手术灯、微创设备等）集成在一个系统中，可直接在无菌区内对所有功能通过触摸屏和友好的用户操作界面进行中央控制，通过直观的方式实现在无菌区内的一键式控制，并且可以通过事先设置好的手术模式来满足不同手术需要的手术设备参数，以减少换台时间，从而提高手术室的工作效率及手术的安全性。

2. 医疗设备集总控制系统不仅可以对整合在手术室中的医疗设备进行控制，还兼具对这些设备进行监控的功能，如设备出现异常，会通过不同颜色的报警灯来提示手术团队。并将检测的数据统一进行后台保存，以便日后调取档案，这也为手术的安全提供了保障。

3. 2014 年国家食品药品监督管理总局（CFDA）颁布相关法规，要求将医疗设备集总控制系统纳入医疗器械管理（分类编码为 6854），以进一步保障临床使用时的安全性。2017 年 8 月 31 日国家食品药品监督管理总局发布最新的《医疗器械分类回录》（2017 年第 104 号），其中规定原 6854 手术控制系统作为Ⅲ类医疗器械进行管理，分类编码变更为 01-07-03。

4. 该系统还具有非常强的兼容性和可拓展性，如通过预留的接口和独特的系统结构，不用额外的布线或进行基建改造即可完成手术室设备的兼容性拓展和升级。

## 第三节　一体化手术室价值

### 一、对于患者

1. 一体化手术室可以快速进行手术准备，从而能够使患者快速进入手术室接受治疗。通过触摸屏进行的手术室功能的集中操作，简单方便，可以让工作人员更加专注地为患者护理，不用担心手术室内设备的使用情况。

2. 将各种设备有机整合在一起，可开展更复杂的手术操作，如机器人辅助下腔镜手术、介入手术和开放手术，以确保患者得到最优治疗。

3. 数据管理和文件记录存档系统可详细记录手术过程，使患者得到完整的病例信息，并在必要时保护医患双方的合法权益。

4. 通过信息手段，还可让手术医师在手术室内与其他专家进行咨询会诊，使手术方案更加精准，提高患者的满意度。

因此一体化手术室带给患者的好处主要包括：①提高手术安全性；②确保信息存储安全性；③缩短手术和住院时间；④节约治疗成本。

### 二、对于医师

1. 一体化手术室可作为医师双眼的延伸，将手术画面无延时、无压缩地在各个监示器上显示，提供最直观的手术视野，保障手术安全。

2. 一体化手术室可创造舒适高效的工作环境，人机工程学的设计使医护人员操作和配合得心应手，可减少疲劳感。

3. 设备一体化后，加强了手术间的整体控制，拓宽了医护人员的工作范围，提高了手术室内的控制和通信水平，甚至还可提高医院内外的交流通信水平。通过远程医疗的交流平台，能够使工作人员充分发挥技术，提高手术水平，从而提高工作满意度。

因此一体化手术室带给医师的好处主要包括：①提高手术安全性；②提高手术效率；③提供交流平台；④提高工作满意度。

### 三、对于护理人员

一体化手术室使得护理人员与医师的配合更顺畅，通过简单的操作界面，可方便巡回护士快速响应医师的指令，通过触摸屏在术中对设备参数进行远程调节，可减少走动，提高工作效率，减少工作强度。

因此，一体化手术室带给护理人员的好处主要包括：①提高手术安全性；②缓解跟台疲劳度；③提高手术效率。

### 四、对于医院

1. 一体化手术室可增强医院竞争力，使医院在充分利用现有设备的基础上减少患者的等待时间，提高患者的满意度，能够吸引更多的患者和进修医师，为医院带来更多的收益。同时一体化手术室为管理者提供有效的实用工具，医院可实时、有序、系统地进行监督性管理，提高医院设备资源利用率，完成医院、患者信息的科学、系统的积累，提高诊疗保险，降低投资风险性，为医院创造更好的社会效益和经济效益。

2. 一体化手术室的有效工作也增进了医院间的学术交流与合作，加强人才队伍建设，并吸引和保留高素质的医师和团队。此外，如果建设全方位一体化手术室，可吸引同行和业界专家前来参观，这无形中也可以提高医院的知名度，增强医院的竞争力。

## 第四节　一体化手术室核心功能操作使用

### 一、音视频传输系统（AV）操作使用

#### （一）启动音视频传输系统

点击护士工作站远程开关面板上的 AV 按钮，打开一体化集控系统，如图 5-3 所示。

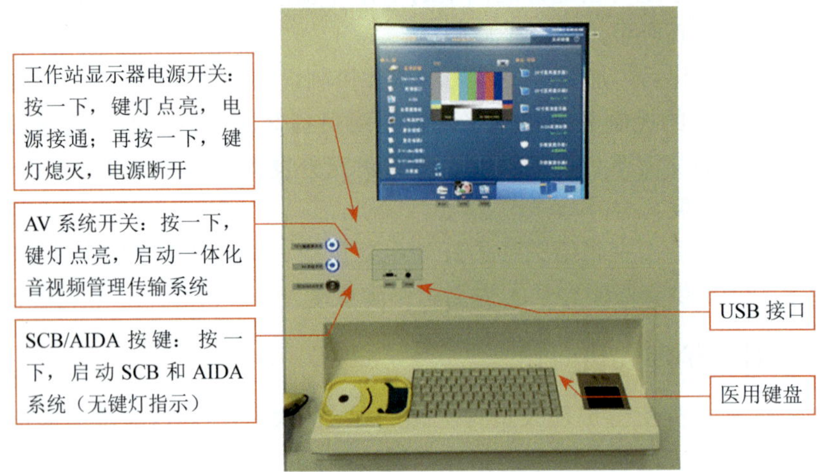


图 5-3　音视频传输系统启动界面

## （二）音视频传输系统界面操作

音视频传输系统界面左侧是输入信号源列表，代表各种接入手术室系统的信号，如腔镜摄像系统信号、全景摄像机信号、心电监护仪信号、PACS 系统信号等。

音视频传输系统界面右侧是输出目标列表，代表手术室内的各类输出终端，如无菌区的医用监视器、墙壁内嵌式大屏幕、刻录系统、转播会议室等。

操作时只需轻轻触摸选点，即可将任意信号显示在任意屏幕上（图 5-4）。

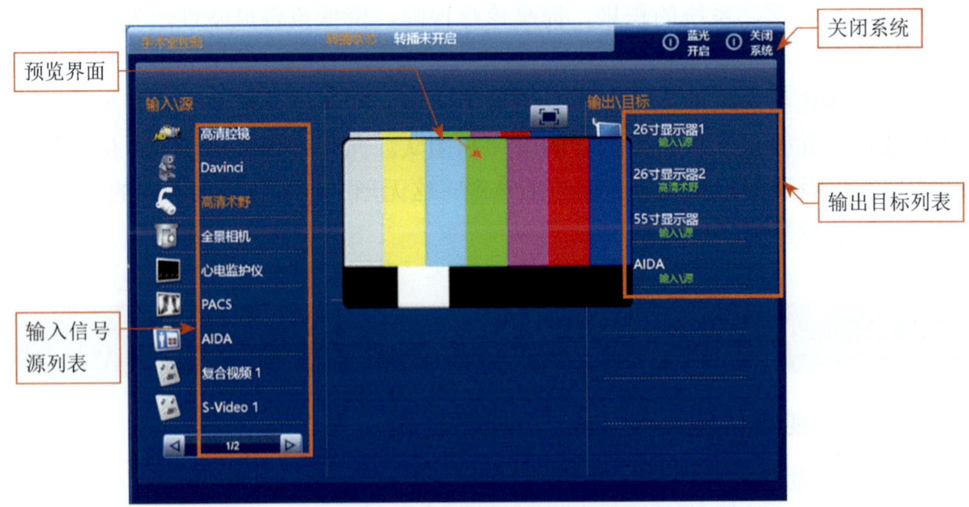


图 5-4　音视频传输系统界面

### （三）全景摄像机控制

点击左侧图像输入源全景摄像机，即可出现控制界面（图 5-5）。

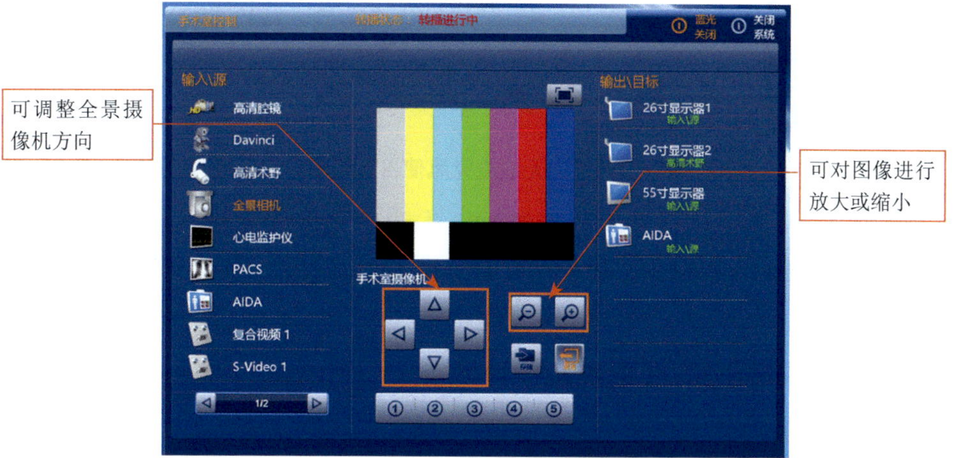


图 5-5　全景摄像机控制界面

### （四）系统关机

点击右上角“关闭系统”按钮，在弹出的对话框中点击“ √ ”可关闭系统（图 5-6）。

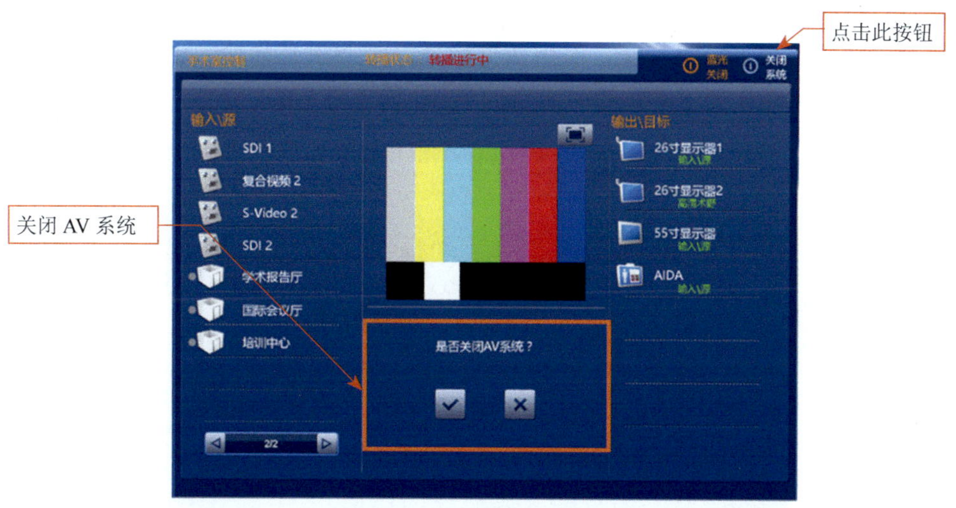


图 5-6　系统关机界面

### （五）无线麦克风的使用

打开前翻盖，按 ON/OFF 2 秒，液晶显示屏点亮，无线麦克风开始工作（图 5-7）。

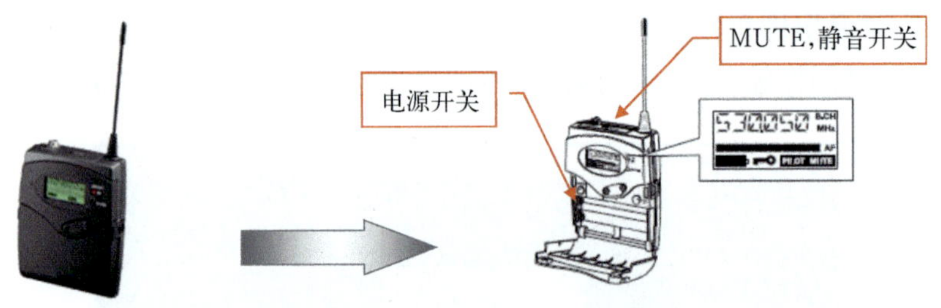


图 5-7 无线麦克风使用方法图

使用无线麦克风需注意以下事项。①请确定无线麦克风屏幕右下角的 MUTE 没有显示，否则麦克风处于静音状态；②请确定一体化多媒体控制界面音量菜单下，音箱和无线麦克风没有被静音。

## 二、医用数据管理系统操作使用

医用数据管理系统可以在手术过程中根据需要实时地对手术的图像和视频资料进行调阅、编辑、传输、打印和储存。这些资料可以作为医疗数据，用于生成和打印文档，如用于治疗过程相关的科研文件和医师的报告中，并可以和医院信息系统（HIS/PACS）无缝连接并双向传输、储存，是实现数字化医院的核心。

### （一）进入操作界面

开机后跟随图标指示进入操作画面，显示患者资料录入窗口。

### （二）输入患者信息

为了确保患者信息安全，医用数据管理系统要求必须输入患者姓名。在与医院信息对接后，要求必须输入患者的 ID 号码（图 5-8）。

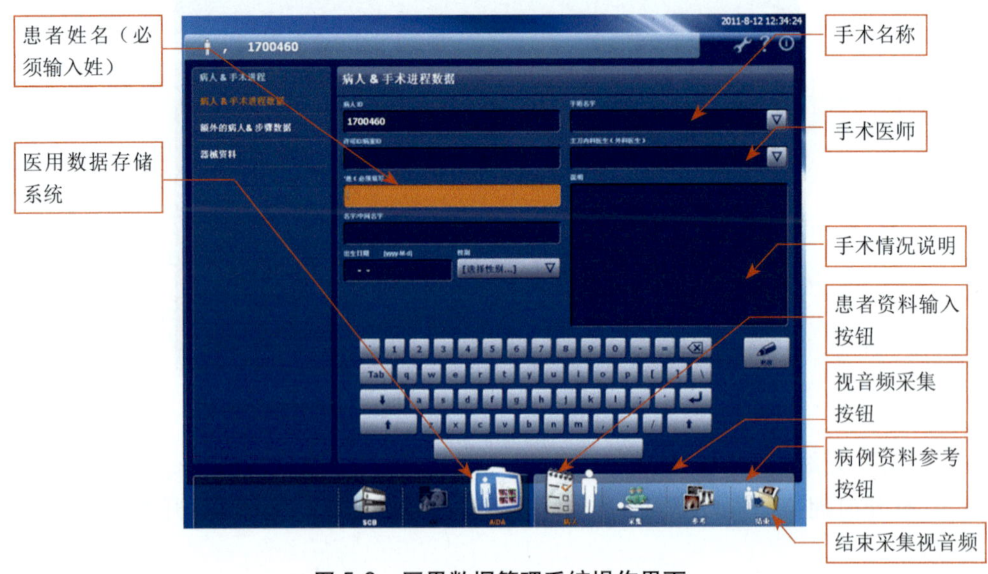


图 5-8 医用数据管理系统操作界面

## （三）画面采集

点击“采集”按钮切换到视频采集窗口（图 5-9）。

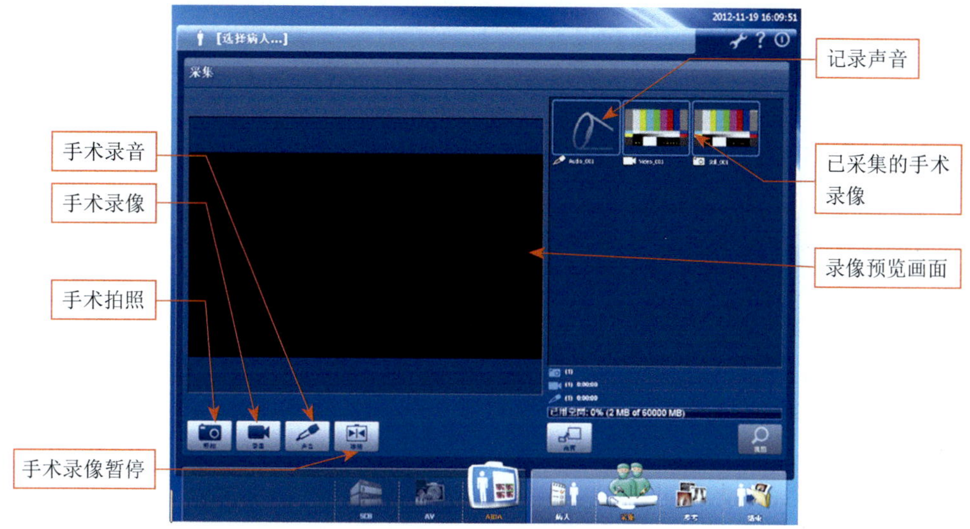


图 5-9　画面采集界面

## （四）选择存储路径

点击“参考”按钮进入参考界面（图 5-10、图 5-11）。

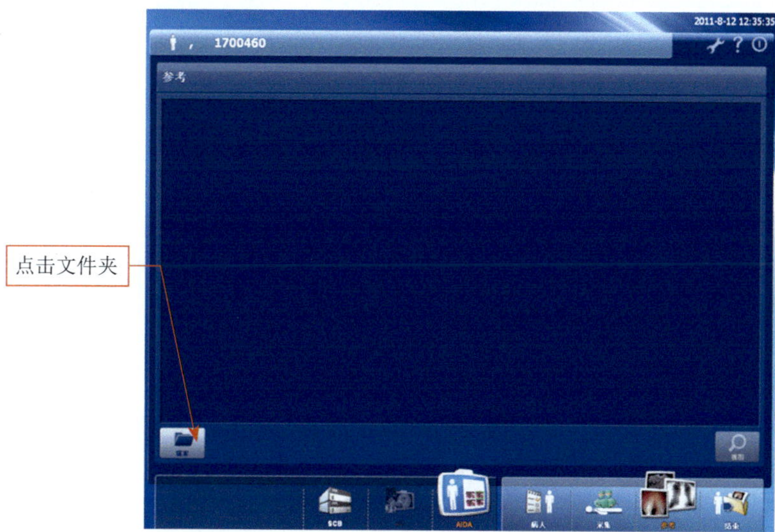


图 5-10　选择存储路径界面 1

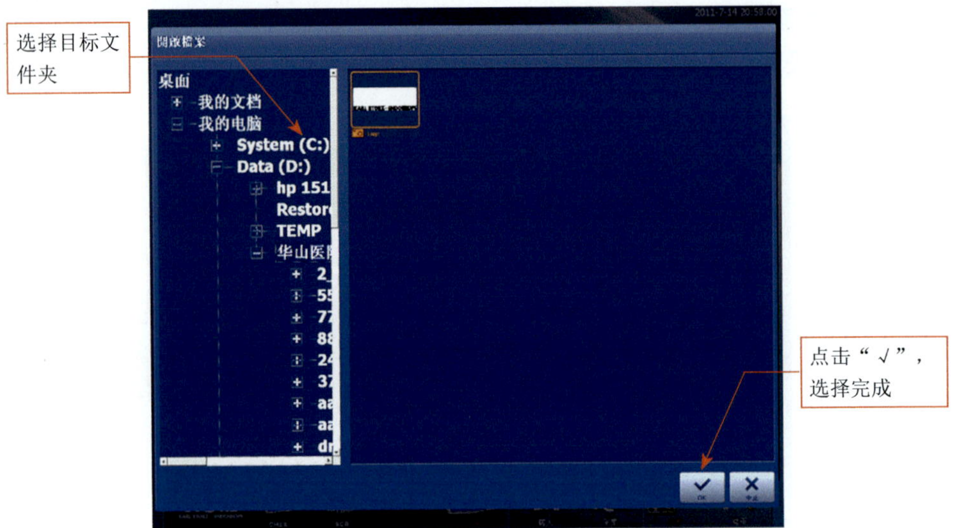


图 5-11　选择存储路径界面 2

## （五）存储结束

手术结束时点击“结束”按钮可以将保存的录像或照片复制到硬盘中（图 5-12）。按“退出”按钮结束操作界面（图 5-13）。按下屏幕右上方“帮助”按钮，进入帮助菜单（图 5-14）。

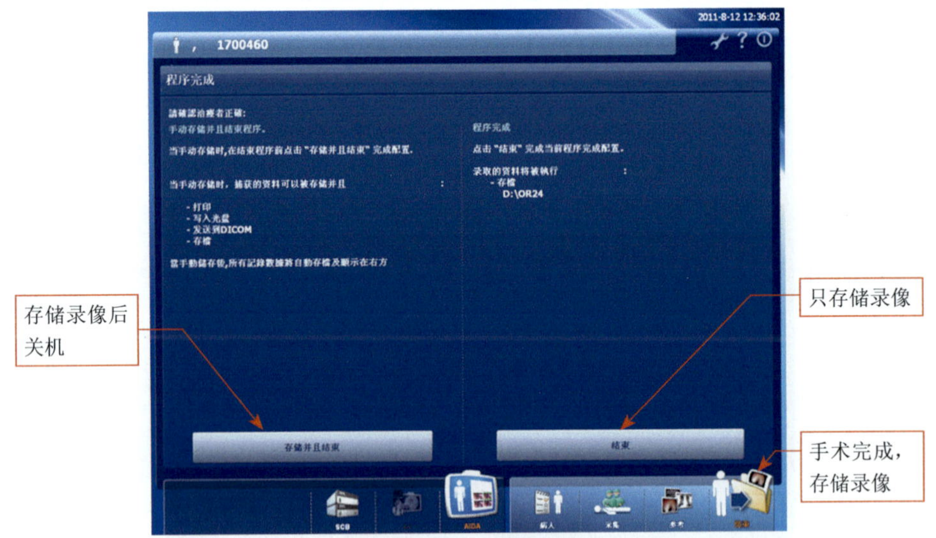


图 5-12　存储结束界面

## （六）录像拷贝

按下快捷键 Windows+D，切换到 Windows 操作界面。在 D 盘根目录下找到对应的文件夹，手术录像与照片等文档存放在此文件夹内。

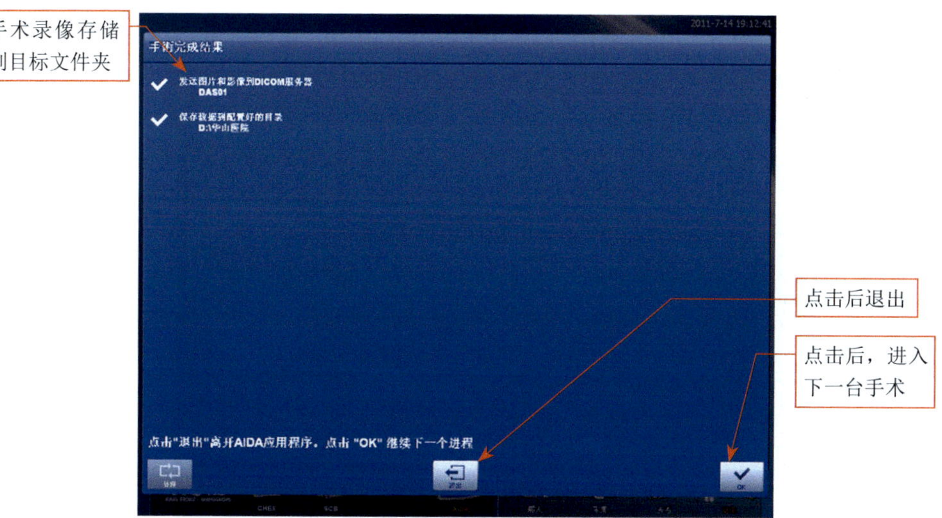


图 5-13　结束操作界面

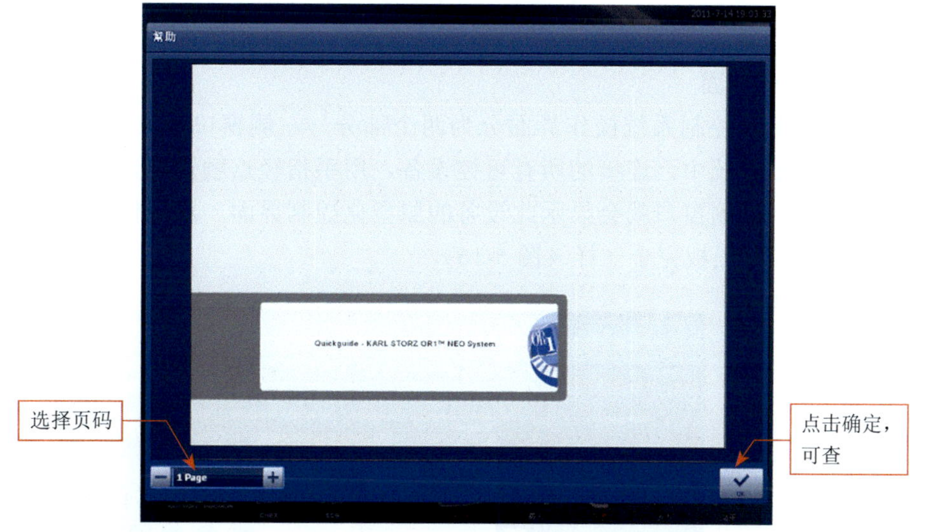


图 5-14　帮助界面

## 三、医疗设备集总控制系统操作使用

医疗设备集总控制系统采用开放式系统设计，控制和监测手术室内所有的医疗设备，如手术床、无影灯、电刀、开放式手术和内窥镜手术使用的仪器。所有医疗设备都被集成在手术室系统中，并且能够方便地整合新的设备或进行设备升级，保证未来手术室发展的需要。所有操作都在触摸屏上轻松完成。

### （一）启动医疗设备集总控制系统

在一体化手术室护士工作站开机后，跟随图标指示进入医疗设备集总控制系统操作画面。在启动界面按“√”进入操作界面（图 5-15）。

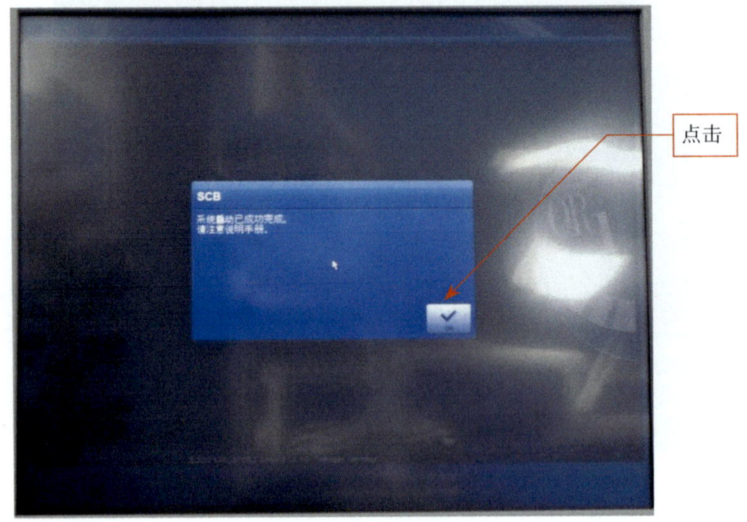


图 5-15　启动界面

## （二）操作界面

医疗设备总控制系统操作界面分为两个部分。左侧窗口是设备列表区域，显示的是当前系统中已连接的所有可控设备，用手指轻点触摸屏选中列表中的某一个设备，右侧窗口就会显示此设备的原型化控制界面。原型化界面和实际应用设备的控制面板完全一样（图 5-16）。

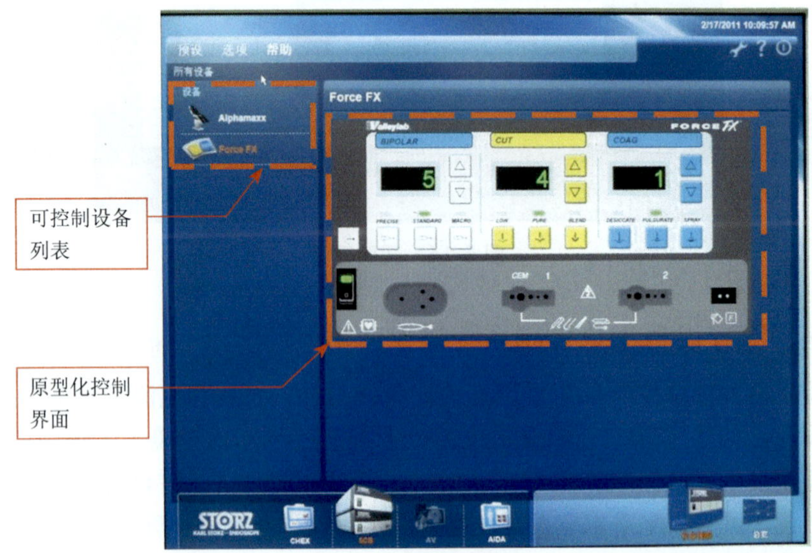


图 5-16　操作界面

除电源开关外，在触摸屏上的所有操作等同于在设备上的操作

## （三）功能选择菜单

“预设”功能可以根据不同的医师选择不同的设备。在手术室中同时打开很多设备时，被医疗设备集总控制系统控制的设备均在列表里显示。可以根据不同手术预先设置手术所用的设备。当选择这一手术时，在医疗设备集总控制系统所控制设备的列表里仅显示预先设置的设备（图 5-17）。

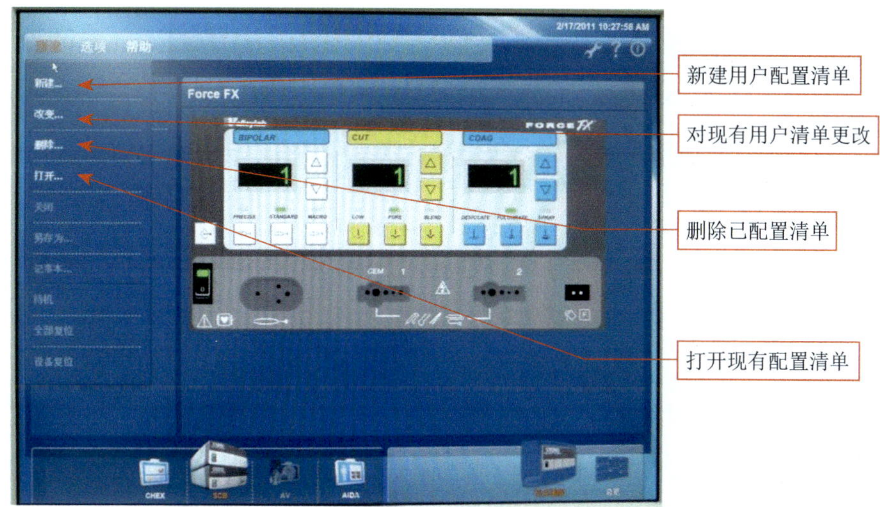


图 5-17　“预设”界面

用户可以通过“新建”来重新建立预设，也可以通过“改变”“删除”“打开”来编辑现有的预设。

新建一个配置清单的步骤如下所述。

步骤一：单击标题栏中的“预设”，在下拉菜单中选择“新建”（图 5-18）；

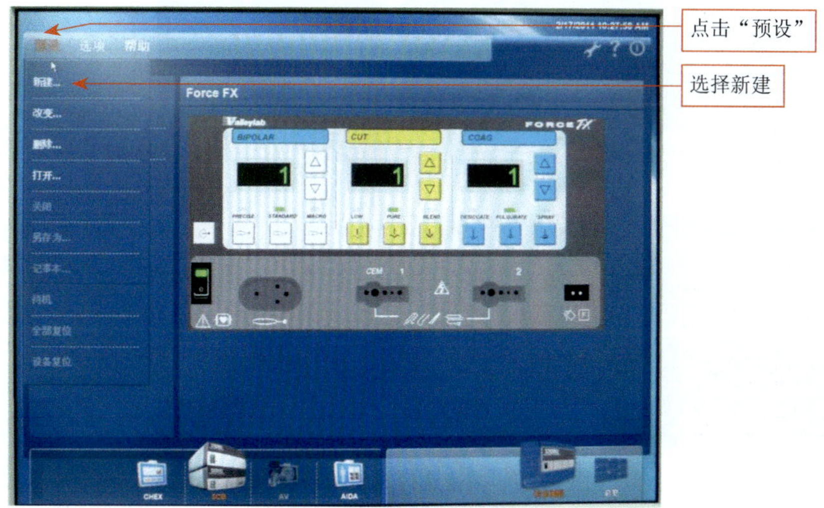


图 5-18　新建配置清单步骤

步骤二：①填写对话框内容，点击右下角的“√”按钮（图5-19）；②进入设备选择及参数设置窗口，选择手术中所用到的设备，并可以预设此设备的参数（图5-20）；③设置完成后会自动进入新设置的预设，设置完成的配置清单可随时调用，并支持输出到USB设备（图5-21）；④再次点击“预设”从下拉菜单中关闭或编辑预设（图5-22）。

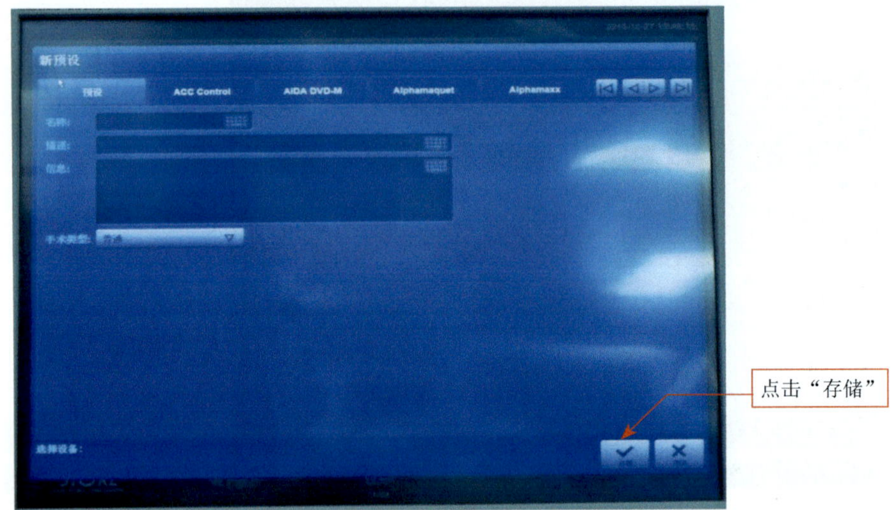


图5-19　填写对话框内容界面

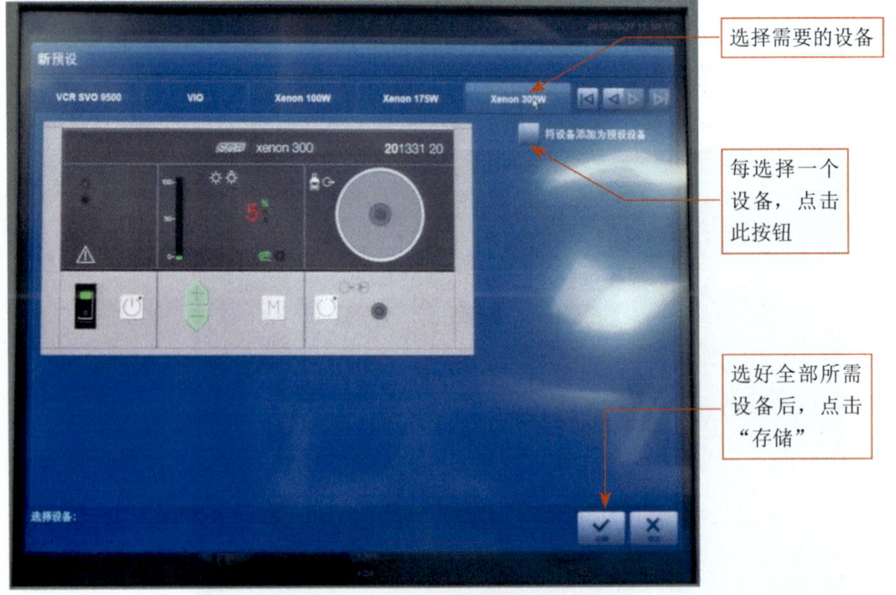


图5-20　设备选择及参数设置界面

图 5-21　新设置的预设界面

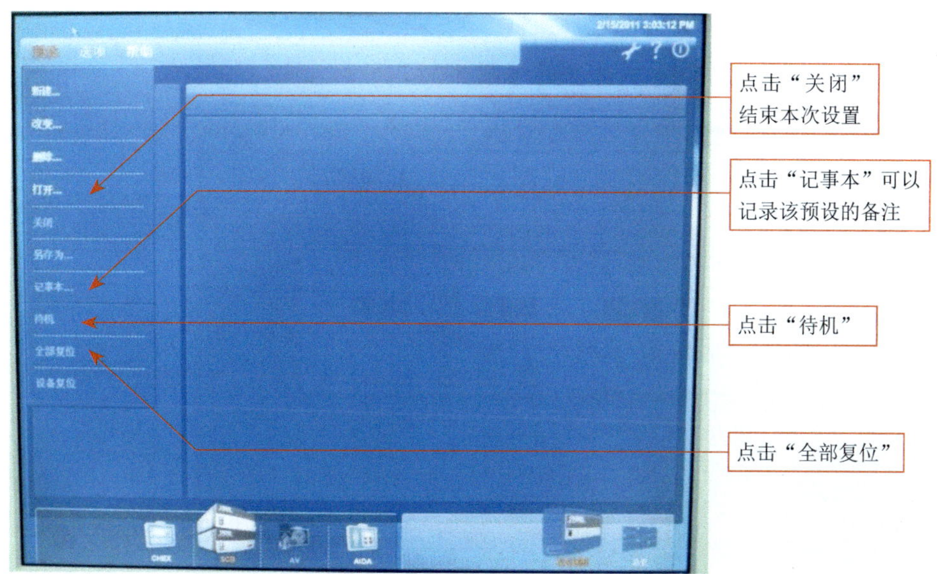


图 5-22　关闭或编辑预设界面

## （四）医疗设备集总控制系统的语言

点击标题栏“选项”，弹出下拉菜单，选择“Language”中对应的操作系统语言（图 5-23）。

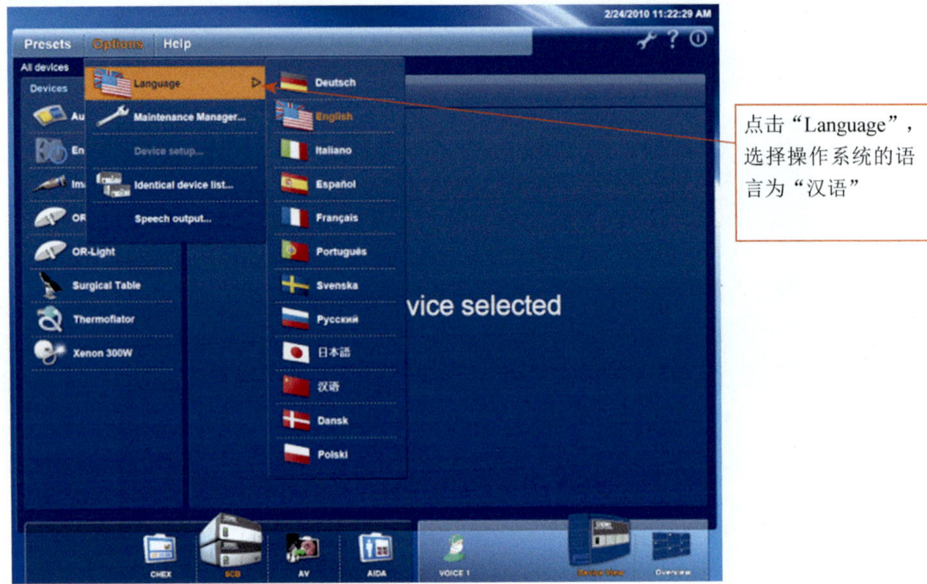


图 5-23　语言设置界面

## （五）关闭系统

点击电源关闭按钮，关闭系统（图 5-24）。

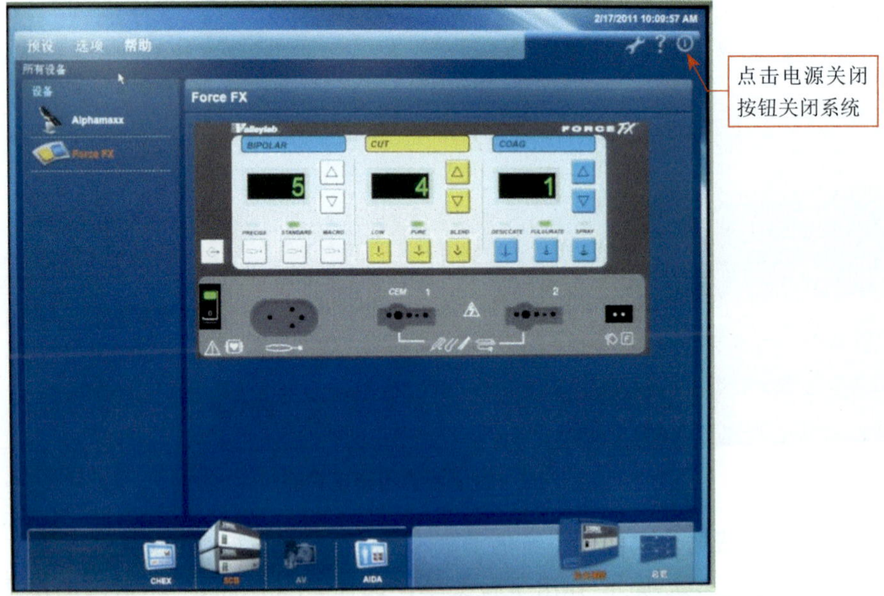


图 5-24　关闭系统界面

## 第五节　一体化手术室操作使用注意事项

**警示类** 该部分的内容会涉及患者及医护人员的人身安全。如果操作不当可能会对患者及医护人员造成伤害。

**注意类** 该部分内容说明为避免引起设备的损坏而需要遵循的设备流程或预警信息。

**说明类** 该部分内容包含常规的设备操作方法和一些说明信息。

### 一、警示类

1. 为避免造成人身风险，请在操作设备前认真阅读设备说明书。需要经过设备的培训方可操作设备，并在使用中遵循说明书的规定。

2. 清洁一体化手术室屏幕前请确保屏幕处于关机状态，禁止带电清洁。必要时需要将一体化手术室系统关机，并将电源线拔下。

3. 无菌区触摸屏在未使用无菌套包裹的情况下禁止手术医师在术中触摸使用。

### 二、注意类

1. 请勿将液体喷雾或清洁泡沫直接接触到监视器表面，这些可能会造成监视器屏幕损伤。清洁时请使用湿布，并将水分拧干，轻轻擦拭监视器表面。

2. 请勿用粗糙的物品擦拭或尖锐的物品接触屏幕表面，以免造成显示异常或屏幕永久性故障。

3. 医用数据管理系统是基于 Windows 系统的医用数据管理系统，请勿安装其他应用程序，包括文字输入法。

4. 医用数据管理系统录像过程中，如遇系统意外断电，重新开机后系统可自动打开未保存的录像。

5. 手术结束后务必按正确的顺序关闭一体化手术室系统，以免造成下次无法正常开机或使用。

6. 如果医疗设备集总控制系统、视音频传输系统或医用数据管理系统显示为灰色，请检查设备是否开机，如果已开机，却仍显示为灰色，请与厂家工程师联系。

7. 在光源灯泡寿命到期后，医疗设备集总控制系统主机会自动提示进行更换光源灯泡。

8. 医疗设备集总控制系统主机会根据不同的问题级别在屏幕上通过红色、蓝色、青色三种显示提示需要注意的操作事项。

### 三、说明类

1. 医用触摸屏的电源开关可作为医疗设备集总控制系统控制手术床时的急停按钮。

2. 如果手术室内有 2 台医用触摸屏，需要 2 台触摸屏同时开启才可以控制手术床。

3. 键盘、鼠标不可以代替手指触摸控制手术床。

4. 为确保医用数据管理系统设置生效，请在每次重新设置后重新启动系统。

5. 录像文件会根据在医用数据管理系统设置的单个文件大小进行存储。

6. 录像过程中可同时进行拍照。

7. 医用数据管理系统可以预设医护人员姓名、手术名称供在输入患者信息时选择使用。

## 第六节　一体化手术室常见故障与处理建议

### 一、一体化手术室屏幕无信号

1. 请确认屏幕电源是否开启。

2. 检查一体化手术室系统是否开机。

3. 检查摄像主机是否开机，摄像头镜头保护盖是否取下。

4. 检查屏幕信号通道是否在 DVI1 或 DVI Fiber（光纤直连选择此通道）通道。

5. 如果仍然没有信号显示请联系厂家工程师。

### 二、医用数据管理系统动作按钮变灰色，不能进行录像

1. 请检查患者姓名是否输入。

2. 请检查医用数据管理系统的硬盘数据是否已经存满，请每月定期清空硬盘数据。

### 三、医用数据管理系统的患者输入区域不能更改

1. 请检查医用数据管理系统是否已经进行了一次拍照或录像的操作，若没有，可结束当前操作，重新启动系统。

2. 医用数据管理系统上次使用完毕没有正常关机导致数据残留，请打开 D:\Data\Data\Active，将文件夹内容清空。

### 四、全景摄像机的动作不能被控制

1. 请检查一体化集成系统机柜电源是否启动。

2. 若依然无法控制，请联系厂家工程师。

### 五、手术转播过程中手术室无法听到会议室的声音

1. 请在视音频传输系统界面检查音箱是否设置为静音状态。
2. 请在视音频传输系统界面检查音量设置的大小。
3. 可以使用背景音乐功能检测音箱是否正常开启。
4. 请检查转播警示灯是否开启，如未开启请会议室端启用转播功能。
5. 请检查会议室的麦克风是否处于静音状态。
6. 请检查会议室麦克风的电池是否在 50% 以上。

### 六、进行会议转播时，示教室和手术室不能进行双向语音交流

1. 请检查无线头戴式麦克风的电源是否打开，若没有打开，则打开无线麦克风发射器的前盖，按“ON/OFF”键将无线麦克风电源打开。
2. 请检查无线头戴式麦克风的静音“Mute”是否打开，取消静音。
3. 如果还是没有效果，请“结束转播”并重新输入密码连接。

## 第七节　结语

随着手术技术、信息化建设的不断发展，手术团队对手术室的需求也在不断扩展。从最基础的能做手术提升为可将手术做得更高效、更安全，操作更便利，流程更优化，从而一体化手术室成为新兴的医疗项目。回归到手术室的本源，手术室建立的初衷是为医师提供符合标准的手术环境，所以手术才是手术室的核心，患者的安全才是手术室建设首要考虑的问题。那么在一体化手术室建设时需以临床手术团队的需求为核心，结合相关设备形成一个功能和结构的整体，从而建成一个完整的手术室系统，达到改善工作环境、提高使用效率、优化管理流程、降低使用成本、给患者最佳治疗效果的目的。

随着科技的不断发展，未来将有更多技术加入一体化手术室，如手术间整体状态监控、RFID 识别人流物流动线、AI 辅助医生制订手术方案等。但无论如何发展，手术室建设的最终目的不是为了追求设备的高大上，而是为了给医师一个安全、高效的手术平台，使手术做得更加精准、快速，以造福患者。

## 参 考 文 献


Berci B, Forde KA, 2000. History of endoscopy. Surg Endosc, 14(1):5-15.

器械清洗消毒专家工作小组，2016. 器械保值清洗消毒处理（第 10 周年纪念版）

郑民华，2016. 砥砺前行二十五载：鉴证中国腹腔镜外科（1991—2016）. 北京：企业管理出版社 .


**医用内窥镜行业要求参考资料**